Environment　　Social　　Governance

ESG 60分鐘超圖解

一本看懂
全球永續經濟關鍵

bound 著　夫馬賢治（Neural CEO）監修　許郁文 譯

註：右側的 11 個分類底下還有 77 個產業，各產業的主要課題都不太一樣。使用本地圖的時候，可根據產業類別使用。點選 SASB 網站（只有英文、https://materiality.sasb.org/） 地圖的「Click to expand」就能參考地圖

分類		消費品	萃取物、礦物加工	金融	食品、飲料
主要產業		•服飾 •電子產品 •建築產品、家具 •線上商務 •日用品 •零售業、流通業 •玩具、體育用品	•煤炭 •建築材料 •鋼鐵 •礦業 •石油、瓦斯	•資產管理 •銀行 •消費者金融 •保險 •投資・證券 •房貸 •證券 & 商品交易所	•農產品 •酒精飲料 •食品零售業 •肉類 •乳製品 •非酒精飲料 •加工食品 •餐廳 •菸草
課題分類					
環境	溫室氣體排放量		●		●
	空氣品質		●		
	能源管理	○	○		●
	水資源及廢水處理	○	●		●
	廢棄物及有害物質處理		●		○
	生物多樣性影響		●		○
社會資源	人權與社區關係		○		
	客戶隱私	○		○	
	資訊安全	○		○	○
	存取與負擔能力			○	
	產品品質及安全	●			●
	客戶權益				●
	銷售模式和產品標示			●	●
人力資源	勞工法規	○	○		○
	員工健康與安全		●		○
	員工忠誠度、多元性與包容性	○		○	
商業模式 & 創新	產品設計與生命週期管理	●	○	●	●
	商業模式靈活度		○		
	供應鏈管理	●	○		●
	材料採購與效率	○			●
	氣候變化的實質影響			○	
領導及公司治理	商業道德		○	●	
	競業行為		○		
	法規遵循		○		
	重大事件風險管理		●		
	風險管理系統			●	

出處：根據 SASB 網站、2020 年 3 月／© SASB ／三菱 UFJ Research&Consulting 株式會社的資料重新編輯

表格的閱讀方式：
- ● 該課題在該分類之內，占超過五成的重要產業
- ○ 該課題在該分類之內，占不到五成的重要產業
- 無符號：在該分類之內，該課題不是重要課題

衛生保健	基礎建設	再生能源、替代能源	資源轉換	服務	技術、通訊	運輸
•生化、醫藥品 •藥局 •照護 •醫藥品批發商 •管理式照護 •醫療機器	•電力 •工程與建設 •瓦斯 •住宅建築 •不動產 •廢棄物處理 •自來水	•生物燃料 •森林管理 •燃料電池、產業電池 •紙、木漿 •太陽能 •風力	•航太、防衛 •化學 •容器、包裝 •電力、電子裝器 •產業機械、機器	•廣告、行銷 •賭場、電動 •教育 •旅館 •休閒活動 •媒體、娛樂 •專業、商業服務	•接受開發、製造的委託 •硬體 •網路媒體 •半導體 •軟體、IT •通訊	•航運 •航空 •汽車零件 •汽車 •租車服務、長租服務 •郵輪 •海運 •鐵路 •馬路
○	○	○	○		○	●
	○		○			●
○	○	●	●	○	●	○
	○	●	○	○	○	
○	○	●		●		○
	○		○		○	○
○			○	○		
				○	●	
●				○	○	
●	○					
●	○		●	○		○
●				○		
●				○		
	○				○	○
○	●	○	○	○	○	●
○				○	●	
○	●	●	●	○	●	○
	●					
		○		○	○	○
	○	●	●		●	○
○			○	○		○
●	○		○	○		○
					●	○
		○	○			
○	○	○	○			●
	○				○	

Contents

Part 1

商務人士都該了解的現代關鍵字
ESG到底是什麼呢？

Part 2

今後的投資標準
在投資的世界增加存在感的「ESG投資」

Part

3

ESG的實質標準由歐洲主導！
再不覺醒，日本企業就要被全世界淘汰

Part

4

要實踐ESG，就要將ESG當成經營企業的常識！
為什麼企業該推動「ESG經營模式」呢？

Part

5

得到消費者的支持，就等於擁有強大的盟友！
要推動ESG就要讓「消費者」一同參與計畫

Part

6

早一步採取行動，就能獲得更多好處
中小企業更需要透過ESG帶來商機

Part **7** 從先進的實踐事例學習ESG
一起了解採行ESG經營模式的大企業採用了哪些策略吧

■閱讀前的注意事項

本書記載的內容僅作為資訊提供之用，因此在參考本書內容時，請務必自行負責與判斷，恕敝公司、作者與監修不對運用本書資訊的結果，以及損害負責。

本書受著作權保護，禁止在未經許可的情況下複印、複製部分或全部內容。

內文提及的公司名稱、產品名稱都是各公司商標、註冊商標與商品名稱。此外，內文省略了 TM、Ⓡ這類著作權符號

Part

1

商務人士都該了解的
現代關鍵字
ESG到底是什麼呢？

到底「ESG」是什麼呢？

● 環境、社會、公司治理的觀點受到重視

近年來，除了在商務場合之外，到處都能看到「ESG」這個詞彙。但是沒有任何機構或是團體明確地定義了「ESG」。

一如接下來要耗費一整本書的篇幅說明「ESG」，「ESG」雖然只是三個英文字母，卻無法像是說明 WHO 是「世界衛生組織」，Bad「是不好的」這樣，僅以三言兩語就說清楚講明白。由於「ESG」是如此深奧的詞彙，所以接下來讓我們依序說明吧。

首先要說明的是，「E」、「S」、「G」分別是什麼意思。其實這三個字母分別是下列這三個詞彙的字首。

·Environment（環境）

·Social（社會）

·Governance（公司治理）

接下來要具體說明「E」、「S」、「G」的具體內容，但照理說，ESG 這個字眼之所以能於全世界普及，一定有其時代背景所在，所以我們必須一邊了解這個時代背景，一邊從企業、**商務人士、投資者、消費者這些不同面向的角度了解 ESG 這個詞彙的真正意思**。在了解這個詞彙的時候，必須了解目前能做到哪些事情，又該做到哪些事情，然後實際採取行動；如果只是把 ESG 當成某個英文單字背起來，那麼這個詞彙與無用的冗物無異，但這個 ESG 可是會改變過去行為模式的思維呢。

● ESG的內容為「環境」、「社會」、「公司治理」

CHECK

**Environment
環境**

- 是否已努力減少溫室效應氣體的排放量？
- 是否積極維護生物的多元性？
- 是否致力於環境保護？
- 是否使用了可再生的能源

CHECK

**Social
社會**

CHECK

**Governance
公司治理**

- 是否已努力改善勞動環境？
- 是否完善地保護個人資訊？
- 女性管理職的比例是否夠高？
- 是否不斷地培育人才

- 是否遵守法令？
- 是否積極揭露資訊？
- 是否設置了外部董事？
- 是否公平地競爭？

總 結

☐ ESG包含了「環境」、「社會」、「公司治理」這三個概念
☐ ESG是改變傳統經營方式的思維

「E」代表的「環境」
到底是什麼意思呢？

▶ ESG 三要素中最重要的議題

　　ESG 的「**E**」指的是環境（**Environment**），但具體內容到底是什麼呢？簡單來說就是各種想得到的「環境問題」，例如氣候變遷、森林濫砍濫伐、海洋汙染、空氣汙染、生物多樣性危機、瀕危物種增加，想必大家應該都會想到這類問題才對，這些都是歸類於「**E**」的問題。

　　只要想一想這類問題與個人或企業的日常有哪些關聯，應該就更能具體想像這類問題。比方說，以汽油為燃料的汽車會不斷排出溫室氣體，而這類溫室氣體會造成「氣候變遷」的問題，又或者大量使用寶特瓶或是製造會用到寶特瓶的商品，都會對海洋的生物與環境造成惡劣影響，進而造成「海洋塑膠垃圾問題」。

　　我們人類早已忘記經濟活動是受惠於自然環境才得以成形，毫無節制地破壞環境。儘管造成的隱憂在很早之前已浮上檯面，我們卻選擇視而不見，而這些問題也差不多到了難以收拾的地步。

　　由於我們的生活與環境息息相關，所以若是繼續對環境造成負擔，我們的生活恐怕將無以為繼，我們該做的不是對這些危機視而不見，也不該期待「有人幫忙解決問題」，而是**要主動思考環境問題，要求自己採取行動**。

● ESG的「E（環境）」包含哪些內容呢？

E 環境
Environment

思考溫室氣體的排放量，環境汙染的嚴重程度，

或是是否使用了綠色能源，

且試著解決環境問題

該做與該思考的事情

- 氣候變遷對策
- 減少溫室氣體排放量
- 管理化學物資
- 活用再生能源
- 水質汙染對策
- 大氣汙染對策
- 海洋塑膠垃圾對策

- 阻止森林破壞
- 阻止生物多樣性危機
- 阻擋外來種侵入
- 阻止土地沙漠化或劣化
- 不讓水資源集中於某地
- 廢棄物對策

等

總　結

□「E（環境）」是指解決環境問題的部分
□ 失去豐富資源的大自然，經濟活動也將瓦解

「S」代表的「社會」
到底是什麼意思呢？

> ▶ 包含人權、歧視這類普世問題

　　ESG 的「S」指的是「社會（Social）」，大部分的人都不太知道「社會」的具體意思是什麼，就這點而言，「S（社會）」或許比「E（環境）」更難以理解。

　　ESG 的「S（社會）」屬於必須整個社會一起了解與解決的問題，範圍可說是非常廣泛，其中也包含了男女不平等、過度勞動、兒童勞動、性騷擾、職權騷擾這類問題。說得更極端一點，**大部分不屬於環境問題的問題都屬於「S（社會）」的問題。**

　　比方說，世界經濟論壇每年都會發表說明男女不平等程度的性別落差指數，而日本在 G7 之中，也屬於極度落後的國家。雖說日本的性別平等意識逐漸高漲，但從 2021 年 3 月發表的排行來看，日本在 156 個國家之中為第 120 名，可見男女之間的落差仍十分明顯。

　　一如「karoshi（過勞死）」已成為常見的英文單字，這種工作到死的過度勞動也是日本的一大問題，後遺症之一的自殺也屢屢成為話題。

　　進入 2021 年之後，美國與其他國家開始將優衣庫（UNIQLO）使用中國新疆維吾爾自治區生產的棉花視為一大問題，因為許多國家懷疑身為少數民族的維吾爾民族被中國政府強迫生產棉花，也造成了嚴重的人權問題。

　　ESG 的「S」指的是思考這類社會問題的對策，以及採取行動。

● ESG的「E（環境）」包含哪些內容呢？

S 社會
Social

思考與解決性別是否不平等，

工作環境是否惡劣，

有無侵害人權以及其他社會問題

該做與該思考的事情

- 保護勞工權利
- 確保勞工的安全與工作環境的衛生
- 確保產品的安全性
- 消除性別差距
- 消除各種歧視

- 確保多元性
- 確保工作與生活的平衡
- 錄用與培養有能力的人才
- 支援地方社會
- 供應鏈的人權風險管理
- 讓兒童勞動問題消失無蹤
- 讓強迫勞動的問題消失無蹤

等

總結
- ☐「S（社會）」指的是解決各種社會問題
- ☐ 社會有許多有待解決的問題

「G」的「公司治理」
到底是什麼意思呢？

● 企業最該做的事情就是風險管理

代表「G」的「治理（Governance）」是英文「Govern」這個動詞的名詞型，意思是「統治、治理、管理」，也常以「集團、組織的統治、治理、管理」的意思來使用，而 **ESG 的「G」則通常是指「公司治理（corporate governance）」的意思**，以「治理良好」或「治理失靈」這類說法來形容公司的營運狀況。

這個詞彙之所以受到矚目，是因為企業醜聞屢屢躍上新聞版面。比方說，簡保生命保險不當銷售保單的行為，或是駿河銀行對房地產投資計畫的不當放款，都是治理不當的組織醜聞，而這些醜聞至今也令人記憶猶新。這兩間只顧眼前利益而選擇鋌而走險的公司雖然被日本的金管會處罰，禁止從事部分業務，但失去社會大眾信任這件事已讓他們付出極大的經營成本。

治理不當的組織常會發生醜聞或是問題，這會讓股東或是消費者轉身離去，也會讓組織的競爭力、獲利力下滑，造成經營危機。反過來說，如果能打造治理得當的組織，就能避免發生無可挽回的風險。此外，「公司治理」這一塊也要**重視與「E（環境）」和「S（社會）」有關的永續發展（sustainability）**，這也是相當重要的經營課題，藉此評估企業是否長期治理得當。

● ESG的「G（公司治理）」包含哪些內容？

G 公司治理
Governance

企業為了避免發生讓業績與風評變差的醜聞，

必須打造公正透明的體質

該做與該思考的事情

- 公正透明地揭露資訊
- 董事長或監察的資格
- 擬定長期經營戰略
- 確保董事會的獨立性與多元性
- 與利害關係人溝通順暢
- 遵守法令與內規（compliance）

- 正常繳稅
- 拒絕收受賄賂這類貪瀆行為
- 建立風險管理機制
- 設定適當的董事報酬
- 擬定網路安全對策
- 擬定 BCP（營運持續計畫）

等

總 結

☐ 「G（Governance）」是指公司治理的意思
☐ 所謂的公司治理是指企業「做好該做的事

為什麼ESG會受到關注？

▶環境、社會、公司治理問題的反思

　　ESG 這個字眼在 2006 年，由前任聯合國祕書長安南提出 PRI（責任投資原則）之後便受到關注。簡單來說，PRI 就是「投資者投資時，應該考慮環境、社會與公司治理的問題」，而這部分也會在 p.34 進一步說明，不過，這充其量只是引起人們的關注而已。

　　ESG 真正受到關注的原因，在於全世界的「環境」、「社會」與「公司治理」都不完善。

　　世界各地的環境不斷被破壞，地球也因此承受了相當的負擔，而且人權問題、貧窮問題、性別落差、人種歧視的問題仍未解決，只為了追求眼前的利益而屢屢爆發醜聞的企業也一再出現（參考右圖）。

　　雖然每次這些問題之後，人類總是試著往好的方向努力，但無論是環境問題還是人權問題，目前仍然相當嚴重。

　　若從長期的觀點來看，為了進行經濟活動而不破壞環境，濫用大自然資源，對於我們人類來說，絕對是一大風險。如果繼續對人權問題坐視不理，就有可能扼殺人類的潛能，最終間接影響經濟成長的速度。一直以來，企業都為了追求經濟成長而忽略 ESG 課題，但這簡直是捨本逐末的行為，因為要想維持經濟成長，就絕對不能不顧 ESG 問題。

● 日本企業爆發的ESG相關事件

1956 年
- 新日本窒素（氮）肥料（現為窒素公司）／**水俁病**

1960 年
- 石原產業、三菱油化等／**四日市哮喘**

1964 年
- 昭和電工／**新潟水俁病**

1968 年
- 三井金屬礦業／**痛痛病**

2011 年
- 東京電力／**福島核災**

1996 年
- 美國三菱汽車／**集體性騷擾案**

2008 年
- 和民／**工作人員過勞自殺**

2014 年
- 倍樂生／**3,504 萬件個人資料外洩**

2015 年
- 電通／**新進員工過勞自殺**

2016 年
- 樂天／**上司職場霸凌造成職災**

E 環境

S 社會

ESG

公司治理

G

2011 年
- 奧林巴斯／**假帳問題**

2015 年
- 東芝／**假帳問題**

2017 年
- 神戶製鋼／**資料竄改問題**

2018 年
- 日產汽車／**卡洛斯戈恩 CEO 違反金融商品交易法**

總 結
☐ ESG之所以受到關注是因為有許多問題有待解決卻仍未解決
☐ 企業至今仍屢屢爆出醜聞

面對ESG的立場
主要分成四大類

▶ 兼顧環境、社會與利益已成為主流

　　不同的企業對於 ESG 採取不同的立場，主要是根據「顧慮對社會或環境的影響」以及「考慮對社會或環境造成的影響，同時考慮獲利高低」這兩個座標軸，分成①新資本主義、②陰謀論、③脫資本主義、④舊資本主義這四大類。大家可參考右頁的矩陣。

　　大部分的日本企業都是「④舊資本主義」的立場。簡單來說就是「若考慮環境與社會，利益就會減少，所以無法顧慮環境與社會」的意思。本書的讀者或許也都是這個立場。

　　「③脫資本主義」是指「就算獲利減少，也要顧及環境與社會」的立場。簡單來說，這種思維的最大缺點在於企業若是長期採取這種立場，早晚會倒閉，也就是不可能一直追求「顧及環境或社會」這種理想。

　　「②陰謀論」則是持「顧及社會與環境，還能夠提升獲利？怎麼可能……」的立場，抱持這類立場的人認為，ESG 的背後有一股隱而不見的勢力，不過本書不打算對這點多作描述。

　　最後的「①新資本主義」則是本書要說明的立場，也是「一邊採取行動，照顧社會與環境，一邊追求利益」的概念。許多日本企業仍停留在「④舊資本主義」的思維，但是**許多歐洲的全球企業已加速轉型為「①新資本主義」，試圖讓「④舊資本主義」如雪崩般快速瓦解，讓「①新資本主義」**得以成為主流。

● 與經濟認知有關的四大分類模型

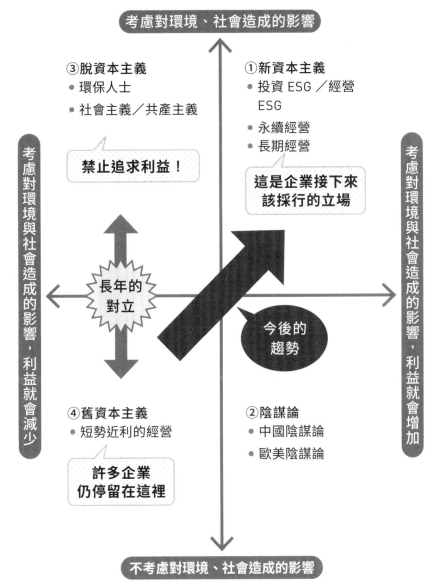

考慮對環境、社會造成的影響

③脫資本主義
● 環保人士
● 社會主義／共產主義

①新資本主義
● 投資 ESG ／經營
ESG
● 永續經營
● 長期經營

禁止追求利益！

這是企業接下來
該採行的立場

考慮對環境與社會造成的影響，利益就會減少

長年的
對立

今後的
趨勢

考慮對環境與社會造成的影響，利益就會增加

④舊資本主義
● 短勢近利的經營

②陰謀論
● 中國陰謀論
● 歐美陰謀論

許多企業
仍停留在這裡

不考慮對環境、社會造成的影響

出處：夫馬賢治「ESG 思維 激變的資本主義 1990 ～ 2020、經營者與投資家都已發生巨變」（講談社）

| 總　結 | □ 傳統的「舊資本主義」是陳腐的思維 |
| | □ 必須盡快轉型為「新資本主義」的思維 |

了解「ESG」與「SDGs」的
差異與相關性

● SDGs 是誘發ESG 行動的誘因

SDGs（**Sustainable Development Goals**：**永續發展目標**）是與 ESG 非常相似的詞彙，但本質卻是完全不同。

SDGs 指的是聯合國為了在 2030 年之前打造可永續發展的社會，向全世界提出的 17 個核心「目標」，其中包含了目標①「終結貧窮」、目標②「消除飢餓」，而這些目標還設定了 169 個細項目標。比方說，目標①「終結貧窮」就設定了「在 2030 年之前，讓全世界各地不再有每天收入不足 1.25 美金、極度貧窮的人」和「在 2030 年之前，讓各國定義的貧窮狀況的男女、小孩的比例減半」這類細項目標。這些目標的對象包含全世界的人們、企業與國家。

另一方面，ESG 並非 SDGs 這種「目標」，而是從環境、社會與公司治理這三個非財務觀點來觀察對於企業長期發展造成何種影響的思維，所以當我們分析 ESG 與 SDGs 的關聯性時，就會知道企業若為了持續成長而實踐 ESG，SDGs 將是分析風險與找到機會的最佳線索。解決 SDGs 目標背後的課題，等於幫助自家公司找到商機；而那些破壞環境、侵害人權或是與 SDGs 目標背道而馳的行為，除了會讓公司的風評一落千丈，更有可能會蒙受經濟損失。

● SDGs與ESG的差異

Environment
環境

Social
社會

Governance
公司治理

ESG

為了打造永續發展社會的三個觀點

SDGs

《永續發展目標》

聯合國提出的 17 個在 2030 年之前達成的核心「目標」

* 內文未反映聯合國、執政者或加盟國的見解。
出處：聯合國資訊中心（URL=https://www.un.org/sustainabledevelopment/）

總　結	□ SDGs是全世界應該齊心協力實現的「目標」 □ 從SDGs的目標來看，是實踐ESG時的提示

了解「ESG」和「CSR」、「CSV」的差異

> ▶CSR 與 CSV 是「自發的」，ESG 是「外部壓力」

有不少人不明白 ESG、CSR、CSV 的差異。

不少企業都曾經發生公害、做假帳或是引起各種問題，所以要求企業根據消費者、投資者、整個社會以及其他利害關係人的利益做出適當的決定，從倫理的角度自願貢獻社會的 **CSR（企業社會責任：Corporate Social Responsibility）**才會越來越受重視。CSR 活動包含遵守法令和以透明公開的態度面對利害關係人，但大部分的人認為 CSR 就是屬於無法增加核心業務利益的捐贈（例如企業認養某些設施）或是志工活動（例如企業帶頭打掃海灘）這類**企業自行花錢、花時間的「行善之舉」**。

相似的字眼還包含世界知名經營學者麥可波特提出的 CSV（**創造共享價值：Creating Shared Value**）。在過去，「利益」與「社會貢獻」往往是互相排斥的，而此概念卻是要兼顧這兩件事，「透過商業模式解決社會問題」，同時是比 CSR 更重視核心業務利益的概念。順帶一提，歐洲幾乎都把日本人口中的 CSV 稱為「CSR」，因為隨著時代的變遷，CSR 漸漸地變得與 CSV 是同一個意思。

ESG 是將 CSV 的實施程度分成「E」、「S」、「G」這三個元素，再與其他公司進行比較的概念。如此一來，企業就能在想要兼顧「利益」與「社會貢獻」的時候更知道該怎麼做才對。

● ESG與CSR、CSV的差異

ESG

Environment, Social, Governance

環　境　、　社　會　、　公　司　治　理

- 2006 年，前任聯合國祕書長安南以
  PRI（p.34）的方式提出

透過企業活動達成投資者與消費者想要的
ESG，藉此解決全世界的問題

CSR

Corporate Social Responsibility

企業的社會責任

- 從 1990 年代開始使用

企業自主捐款或發起
志工活動，以及從事其他
社會貢獻

CSV

Creating Shared Value

創造共享價值

- 2011 年麥可波特教授
  提出的概念

企業自行透過商業模式
解決社會問題

總　結

☐ 日本的「CSR」指的是與利益無關的社會貢獻
☐ ESG與CSV指的是兼顧「核心業務的利益」與「社會貢獻」的概念

經濟從「線性」時代進入
「循環經濟」時代

● 經濟需要轉型為促進永續發展社會的模式

　　一直以來，我們人類都是利用大自然的資源製造產品，然後消費產品，並且在還沒有回收資源的情況下就丟掉產品。這種大量生產、大量消費、大量廢棄物品的直線流程稱為「線性經濟」。

　　這種模式最終引起了資源不足以及各種環境汙染問題。眾所周知，這些問題不容小覷，也希望能夠轉型為對環境更加友善的模式。**目前需要的是轉型為能夠兼顧經濟成長與環境負擔的「循環經濟（CE）」**，也就是在前述的線性經濟之後，加入重新利用資源的環節，讓整個流程變成一個圓形循環，減少資源與能量的浪費，以及減少廢棄物的數量。簡單來說，線性經濟已經是落伍的概念。

　　在傳統的舊資本主義之中，企業總是認為若要降低環境負擔，就會增加成本，但屬於「新資本主義」一環的 CE 卻如右頁下方的五個商業模式一樣，不會只想到回收，而是建構減少廢棄物，促進資源循環，藉此產生利潤的商業模式，目標是兼顧環保與經濟成長。

　　ESG、SDGs、CSR、CSV、CE 看似複雜，但其實**目標都是打造「永續發展的社會」**。

　　在其中擔任主角的企業則需要懂得為自己的行為負起責任。

● 從「線性經濟」轉型為「循環經濟」

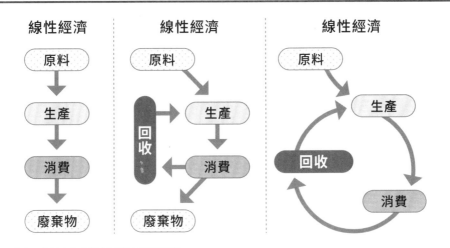

出處：荷蘭政府「從線性經濟到循環經濟」

● 循環經濟的五種商業模式

循環供應	為了降低原料的成本，穩定地取得原料，使用可重覆使用與 100% 循環的原料或是具有生物降解性的原料
資源回收	建立讓之前被當成廢棄物的各種物品可另作他用的生產與消費系統
產品生命延續	回收產品後，進行維護與改造，延長產品的壽命與賦予產品新價值
共享平台	如 Airbnb 這類商業模式。透過租賃、共享、交換未使用的產品，可讓產品或服務的有效利用率更高
產品即服務 （Product as a Service）	用多少付多少的商業模式。比起銷售多少，更重視產品或服務提供了多少價值

出處：埃森哲官網

總 結	□ 循環經濟是為了打造永續發展社會，兼顧「經濟成長」與「徹底節省資源」的思維

ESG已不是一時的潮流

▶ 不可能再回到不重視 「ESG」的世界

有些人以為，ESG 就像過去那些在商業世界轉瞬即逝的熱門話題，**但 ESG 並非一時的潮流**。

其實有不少人隱約發現，再這樣下去，自然環境將陷入難以挽回的險境，貧困、社會階級落差、性別不平等、膚色歧視這些浮上檯面的社會問題，不僅讓當事人覺得不公平，甚至有些局外人都覺得得盡快解決這些社會問題。

Part 2 之後會進一步說明的是，日本國家退休基金（GPIF）曾針對東證一部的上市企業進行問卷調查，也得到企業非常重視 ESG 相關主題這件事。此外 GPIF 也於同一個問卷調查詢問企業擁有哪些「遠景」；結果發現，**越來越多企業具有十年以上的長期視野**。雖然企業應社會要求自主從事 ESG 活動，但是大部分的企業才剛開始將 ESG 當成長期活動。

如果 ESG 這個概念能於企業以及個人普及，或許 ESG 這個詞彙會漸漸消失，但是對人類來說，解決 ESG 的問題是每個人的課題，今後的社會大眾應該會越來越要求企業採取行動以解決 ESG 的問題，也會觀察企業在這方面的成果。

● 日本企業的ESG主要課題

排名	主題	2019 年度	與 2018 年度的比例增減
第 1 名	公司治理	70.8%	-0.4%
第 2 名	氣候變遷	53.9%	8.4%
第 3 名	多元性	44.0%	2.4%
第 4 名	人權與地方社會	34.7%	0.3%
第 5 名	健康與安全	32.6%	-0.7%
第 6 名	產品服務的安全	30.8%	-1.2%
第 7 名	風險管理	29.8%	2.3%
第 8 名	揭露資訊	23.3%	2.1%
第 9 名	供應鏈	20.2%	3.3%
第 10 名	董事會的結構與風評	16.2%	0.8%

（註）GPIF 提出了 25 個主題，讓各企業在其中選擇前 5 個主題　出處：GPIF（ESG 活動報告 2019）

● 企業向投資者提出的遠景年數

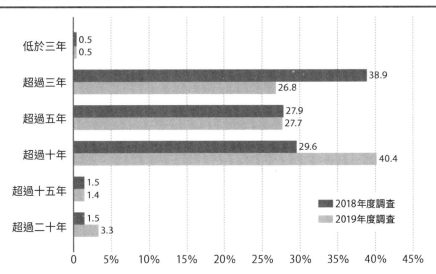

出處：GPIF（ESG 活動報告 2019）

總　結	☐ 「ESG」並非曇花一現的熱門詞彙獻
	☐ 要解決ESG的課題需要具備長期的觀點

新冠疫情讓ESG加速普及

> ● 源自新冠疫情的復興催化劑 「綠色振興」(Green Recovery)

在新冠疫情爆發之前，全世界其實已經知道環境問題刻不容緩，卻一直遲遲沒有進展；但在新冠疫情爆發之後，全世界各國開始認真解決環境問題，也越來越多的國家試圖透過減碳、循環經濟（CE、p.26）這類永續發展的方法推動「**綠色振興**」，提振後疫情時代的經濟。

2020 年 5 月，雀巢、聯合利華（Unilever）、IKEA 這類全球企業共 155 間的 CEO 發表共同聲明，提出希望在 2050 年之前，讓溫室氣體排放量實質歸零的振興策略，他們提出了「從灰色經濟轉型為綠色經濟」的口號，也引起相當的話題。

英國獨立研究機構 Vivid Economic 指出，投入主要國家經濟振興政策的資金總額約為 11.4 兆美元（大約 360 兆新臺幣），其中有 3.5 兆美元（約 11 兆新臺幣）為環保經濟振興政策的資金。各國將後疫情時代的經濟振興視為打造「永續發展的社會」的絕佳機會，希望藉此振興因為新冠疫情而一落千丈的世界經濟，也競相設定了更具野心的目標。

此外，從 ESG 的「S（社會）」來看也能一窺端倪。比方說，新冠疫情迫使遠距工作成為一種常態，女性也因此有更多機會一展身手，也讓之前未能嘗試的經濟振興方式一口氣加速推動。

讓新冠疫情的危機變成轉機──如果再不像這樣改變想法，實際解決 ESG 課題，在不久的未來就很可能會被時代淘汰。

● 世界主要國家的「綠色振興政策」

日本

2020 年 10 月，菅首相針對溫室氣體排放量提到，要將過去「到 2050 年之前減少 80%，在本世紀後半段達成排放量實質歸零」的方針，轉換成「在 2050 年之前，讓溫室氣體排放量實質歸零」的方針。

歐盟

將新冠疫情的振興長期預算 1.8 兆歐元（約 61 兆新臺幣）之 20% 投入氣候變遷對策這類綠色振興政策之中。禁止新增火力發電廠，讓能源轉型為風力、太陽能這類綠色能源。

法國

支援雷諾、法荷航集團這類大型企業的同時，要求他們控制溫室氣體的排放量。例如，要求法荷航集團引進飛航時，選溫室氣體排放量較低的機種，以及廢除與鐵路互相競爭的國內航線。

德國

汽車補貼對象僅限電動汽車（EV）。在三十年內，讓離岸風力發電的規模提升到 500 萬千瓦，以及新增適用於汽車的加氫站。

英國

讓溫室氣體在 2030 年之前，比 1990 年減少 68%。對綠色能源、氫氣能源投入 120 億英磅（約 4800 億新臺幣）的資金，創造 25 萬個工作機會。在 2030 年之前，讓離岸風力發電的規模擴大至目前的 4 倍。

美國

2035 年時，讓發電廠達到減碳目標；在 2050 年之前，讓整體經濟達到減碳目標。環保政策的一大重點就是針對電動汽車（EV）投入 1,740 億美元（約 5.5 兆新臺幣）的補貼，以及投資 1,000 億美元（約 3.16 兆新臺幣）整頓電網。

中國

讓溫室氣體排放量在 2030 年之前，比 2005 年減少 65%，並在「2060 年之前，達到溫室氣體排放量實質歸零」的目標。使電動汽車（EV）、電池與氫經濟占據世界龍頭地位。

總 結　□ 主要國家針對「綠色振興計畫」競相設定了充滿野心的目標

菅首相提出「2050 年碳中和」的用意

2020 年 10 月 26 日，菅義偉首相就任之後，於施政方針演說提出「經濟與環境的正向循環」作為國家重要成長戰略之一，且強調日本將致力於打造綠色社會。此外，菅首相也提出「碳中和」這個目標，希望在 2050 年之前，日本的溫室氣體排放量能夠實質歸零。

在此之前，日本已經提出在 2050 年之前，溫室氣體排放量減少 80% 的目標。儘管有不少意見指出，連這個目標都「難以達成」，但菅首相卻獨排眾議，拉高了減碳目標。

歐盟提出在「在 2050 年之前減少溫室氣體排放量」的目標，而中國則是提出「在 2060 年之前達成目標」。當菅首相發表這個目標之後，美國的拜登政權也提出在「2050 年」之前，實質零排放的目標，全世界前四大國與地區（G4）攜手推動減少溫室氣體排放量。

菅首相之所以提出如此困難的目標，除了擔心被歐盟一手主導的減碳潮流淘汰，也希望在生活型態與產業結構被新冠疫情改變之後，氣候變遷政策能成為下個世代的新興產業。

到了 2020 年 12 月之後，日本經濟產業省制定了「2050 年碳中和綠色成長戰略」，希望透過這項產業政策促成「經濟與環境的正向循環」，也要求企業將手上的 240 兆日圓（約 48 兆新臺幣）的現金與預備金投入這項政策。

之所以提出不特別努力就難以實現的碳中和目標，是為了讓企業不要再找藉口，而是盡快向前踏出第一步，盡快試著透過創新達成目標。

Part

2

今後的投資標準
在投資世界
增加**存在感**的「ESG投資」

前任聯合國祕書長安南提倡的「PRI」是什麼？

● 從環境、社會和公司治理的角度來看

「你們（投資家）的一個決策將改變世界。」

2006 年 4 月，時任聯合國祕書長科菲安南曾如此呼籲機構投資人，也發表了包含**六項原則**的責任投資原則（**PRI**：**P**rinciples for **R**esponsible **I**nvestment）。

一如 PRI 的第一個原則是「我們將 ESG 議題納入投資分析和決策的過程中」，PRI 指的是強烈要求機構投資人（如人壽保險、損害保險、銀行、年金基金這類由資產家委託投資的機構）能根據 ESG 的觀點選擇投資標的。簡單來說，不會為了短期的利益投資而濫墾濫伐的企業，或是壓榨發展中國家的勞工的企業，而是投資以 ESG 的角度創造長期利益的企業。

PRI 的目標在於透過投資者的力量讓企業朝永續發展的方向前進，藉此實現永續的經濟成長。2021 年 6 月底，簽署 PRI 的機構在全世界超過 4,000 處；在日本這邊，除了日本國家退休基金之外，還有銀行、保險公司、投顧公司簽署，共有 87 間公司簽署 PRI（2021 年 1 月 2 日的資料）。一如右頁的圖表所示，在過去幾年，簽署 PRI 的機構也急速增加。

雖然 PRI 不具任何法律約束力，但機構投資人還是開始投資追求永續發展的企業。當機構投資人改變投資方針，接受投資的企業也會為了積極投入 ESG 課題而改革經營模式。

● PRI（責任投資原則）的六大原則

1 我們將 ESG 議題納入投資分析和決策的過程中。

2 我們將成為積極的所有人，並將 ESG 問題納入我們的所有權政策和實踐中。

3 我們要求接受投資的企業適度披露與 ESG 課題有關的資訊。

4 我們投資業界將努力接受與實施這些原則。

5 我們將一起努力提升實施這些原則的效率。

6 我們會隨著報告這些原則的相關活動以及進度。

● 簽署PRI的機構數量走勢（2020年3月底的資料）

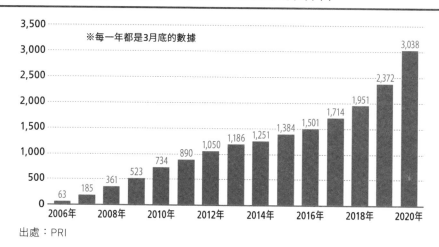

※每一年都是3月底的數據

2006年	63
	185
2008年	361
	523
2010年	734
	890
2012年	1,050
	1,186
2014年	1,251
	1,384
2016年	1,501
	1,714
2018年	1,951
	2,372
2020年	3,038

出處：PRI

總 結
☐ PRI成為改變機構投資人行為的契機
☐ 簽署PRI的機構必須遵守六大原則

什麼是逐漸成為投資標準的「ESG投資」？

● 著眼於「非財務資訊」的ESG投資

2020 年 1 月，美國最大型投資管理公司貝萊德的 CEO 拉里芬克發表「氣候變遷風險就是投資風險，必須從根本強化 ESG 投資」的言論，也因此掀起話題。

ESG 投資就是重視與投資在乎環境、社會與公司治理的企業。 一如全世界極具影響力的機構投資人開始重視 ESG，因 PRI（p.34）而開始普及的 ESG 投資如今已漸漸成為投資的標準。

過去，投資人在選擇投資標的時，只重視記載經營績效的財務報表（如資產負債表、損益表、現金流量表），以及其中的業績、營業利益這類「財務資訊」。

但是 ESG 除了重視這類財務資訊外，還重視溫室氣體排放量、顧客滿足度、女性管理職比例這類「非財務資訊（p.86、ESG 資訊）」，這是因為 ESG 評價越高的企業，越能得到投資人、消費者、協力廠商與其他利害相關人的青睞。就長期來看，業績與利潤也更容易增加。換言之，**非財務資訊被視為「永續發展企業的成長動力」。**

機構投資人總是希望企業能在短期之內獲利，而企業為了滿足這些要求，常常透過雇童工降低成本，或是不當處理廢棄物、做假帳、賄賂，而 ESG 投資或許就是這些機構投資人對上述一切的反省。藉由機構投資人的資金力，讓企業的視野從「追求短期利益」轉型為需要耗費許多時間才能解決的「ESG 課題」，創造「長期利益」正是 ESG 投資的主要內涵。

● 何謂ESG投資？

財務資訊

● 營業利益
● 業績成長率
● PER（本益比）與其他

非財務資訊（ESG 資訊）

● E（例如溫室氣體排放量）
● S（例如女性管理職比例）
● G（例如外部董事的人數）

過去的投資方式重視的資訊！

ESG 投資不僅重視「財務資訊」
也重視「非財務資訊」

● 非財務資訊（ESG資訊）與投資時間軸的關係

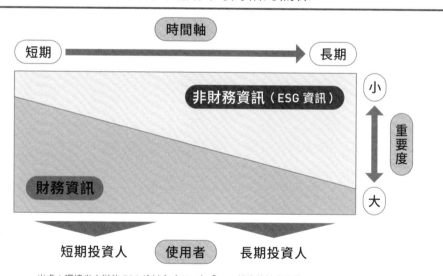

時間軸

短期 ➡ 長期

非財務資訊（ESG 資訊）

小

重要度

財務資訊

大

短期投資人　使用者　長期投資人

出處：環境省主辦的 ESG 檢討會（2017）「ESG 投資的基本思維」

總　結

☐ 將重點放在「非財務資訊」的投資策略就是「ESG投資」
☐ ESG投資的目標不是短期獲利而是長期的利益

ESG投資與SRI（社會責任投資）的不同

● ESG 投資與SRI 在重視非財務資訊這點相同

另一個與 ESG 投資相似的概念是「**社會責任投資（SRI**，Socially Responsible Investment）」。SRI 指的是將重點放在接受投資的企業的 CSR（p.24），同時評估企業能對社會與環境帶來哪些好處，再決定是否投資該公司，藉此打造美好世界的投資策略，而不是一味追求經濟利益的投資策略。

這種投資策略絕非新概念，一般認為，這項概念源自 1920 年代的美國基督教教會絕不投資違反教義的武器、賭博、香菸與酒精相關企業的「負面篩選」（p.48）。從這個起源也不難得知，SRI 的特徵在於**重視倫理這類價值觀**。

反觀 **ESG 投資則是將「環境、社會、公司治理」納入投資準則，希望企業能藉此長期提升企業價值，導致獲利增加的投資策略。**

SRI 與 ESG 投資在重視非財務資訊這點相同，但 SRI 除了給人一種「顧及社會與環境，就得提高成本，犧牲經濟報酬」的印象外，還常常讓人覺得帶有某種「拯救世界」的使命，只有具有倫理意識的人才能實踐，然而 ESG 投資卻以投資為本質，目標是追求獲利。

各種研究與客觀的資料都指出，**比起一般的投資，ESG 投資的報酬更高，所以也漸漸受到投資人的關注。**

● ESG投資與SRI的差異

ESG 投資		SRI（社會責任投資）
2006 年發表的 PRI	起源	1920 年代
追求符合永續發展條件的投資報酬	投資目的	反映投資人的倫理高度
投資報酬	最重視的部分	倫理價值觀
透過七種手法（參考 p.48）投資	投資手法	不投資與酒、香菸、武器、賭博相關的股票
中、長期	投資立場	中長期

既然是投資，就要追求報酬，
否則就無法永續發展！

總　結	□ ESG投資以長期的計畫追求報酬
	□ SRI給人重視倫理價值觀更勝於報酬的印象

全世界的投資額度超過30兆美元！
急速增加的ESG投資金額

● 於歐美與全世界其他地區急速成長的 「ESG 投資」

統計全世界 ESG 投資額度的國際團體 GSIA（Global Sustainable Investment Alliance：國際永續投資聯盟）的報告書「2018 Global Sustainable Investment Review（GSIR）」指出，2018 年全世界 ESG 投資金額比 2016 年的 22 兆 8,900 億美元（約 723 兆新臺幣）多了 34.0%，增加至 30 兆 6,830 億美元（約 969 兆新臺幣）。

2016 年初的時候，ESG 投資占全世界投資總額的比例只有四分之一，但是到了 2018 年初的時候，已成長至 35.4%，約是總體的三分之一左右，還有繼續成長的趨勢。之所以會出現這種趨勢，在於**不在乎 ESG 的企業漸漸地被機構投資人排除在投資目標之外**。

雖然日本在這方面落後歐洲與美國，但一如 p.46 所述，自 2018 年之後，ESG 投資金額快速增長；到了 2020 年之後，ESG 投資已占投資總額一半以上，這全是因為管理日本人年金，也是全世界規模最大的投資機構日本國家退休基金（GPIF）開始投資 ESG 的緣故。

此外，最具代表性的機構投資人兼最大規模的人壽保險公司日本生命也宣布從 2021 年開始，以 ESG 的觀點積極投資，如今 ESG 投資在日本已經越來越活絡，也有許多人跟著進行這類投資。

● 全世界的ESG投資金額趨勢

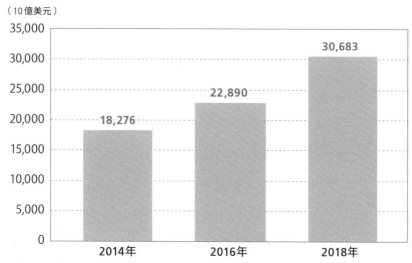

（10億美元）

出處：GSIA「Global Sustainable Investment Review 2018」

● 各國與各地區的ESG投資金額明細（2018年）

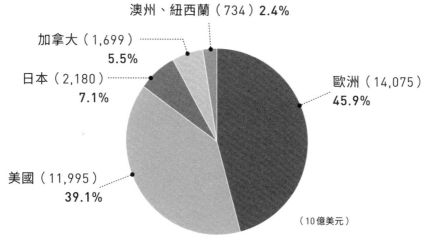

出處：GSIA「Global Sustainable Investment Review 2018」

總 結	□ 在歐美各國的主導下，ESG投資的金額急速增加
	□ 日本在GPIF進行ESG投資之後，投資方向也大幅改變

日本國內因GPIF
而對ESG投資大幅改觀

▶GPIF 與日本國民約定，將重點放在 「ESG」

　　負責經營日本年金的 GPIF 截至 2020 年 12 月底為止，是全世界規模最大的投資機構，其資產規模高達 179 兆日圓。

　　像 GPIF 這種投資金額龐大，又於資本市場分散投資的投資人稱為**「國際資產擁有者」。這類國際資產擁有者為了得到長期與穩定的報酬，在投資時，都以企業價值是否能長期增長為主要考量，說得更簡單一點，就是資本市場能否穩定地持續成長。**

　　當 ESG 課題逐漸浮上檯面，資本市場再也無法忽視環境問題或社會問題的影響之後，對機構投資人來說，ESG 課題便是切身問題。如果無意減少溫室氣體排放量的企業或是強迫兒童勞動的企業不斷增加，那麼 GPIF 這種負責經營龐大資金的機構投資人就無法大規模分散投資，也就無法履行信託義務（負責經營年金制度、管理年金資產的人必須履行的責任），滿足出資者（以 GPIF 為例，就是支付年金保險費，領取年金的國民）對於「報酬」的追求。

　　GPIF 於 2015 年 9 月簽署 PRI 之後，便於 2017 年 10 月修改與所有國民的約定「投資原則（參考右頁）」，決定以股票、債券以及所有資產的規模，積極考慮 ESG 投資。如此一來，日本其他的機構投資人有可能追隨 GPIF 的腳步，積極推動 ESG 投資，**如今一邊打造永續發展社會，一邊「追求報酬」的 ESG 投資已逐漸成為主流。**

● GPIF的資產規模與資產組成比例（2020年12月底的資料）

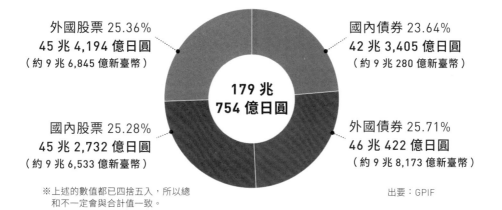

外國股票 25.36%
45 兆 4,194 億日圓
（約 9 兆 6,845 億新臺幣）

國內債券 23.64%
42 兆 3,405 億日圓
（約 9 兆 280 億新臺幣）

179 兆
754 億日圓

國內股票 25.28%
45 兆 2,732 億日圓
（約 9 兆 6,533 億新臺幣）

外國債券 25.71%
46 兆 422 億日圓
（約 9 兆 8,173 億新臺幣）

※上述的數值都已四捨五入，所以總
和不一定會與合計值一致。

出要：GPIF

● GPIF的「投資原則」

① 為了穩定經營年金事業，與保護保險人利益，必須從長期的觀點以及
最低的風險獲利。

② 以分散資產、地區、時間的投資方式為基本策略，就算市場價格產生
短期波動，也必須透過漫長的投資期間尋求更穩定、更具效率的報
酬，以確保年金支付所需的流動性。

③ 規劃基本資產配置，於資產整體、各資產等級、各資產委託機構的每
個階段管理風險，同時透過被動與主動投資確保市場平均收益率，同
時努力尋找能創造利益的投資機會。

④ 秉持投資標的與市場都必須持續成長，以及透過長期投資擴大資產收
益的思維，根據確保長期收益的觀點以及財務因素，考慮投資非財務
因素的 ESG（環境、社會、公司治理），以增加保險人的利益。

⑤ 透過擴大長期投資收益的觀點與各種活動（包含 ESG 相關的活動）
履行盡職治理守則（負起責任，盡力營運他人委託的資產），藉此促
成投資標的與市場長期發展與成長。

總　結
□ GPIF已準備以整個資產規模考慮ESG投資
□ 越來越多機構投資人跟隨影響力巨大的GPIF

GPIF利用部分資產
與七個ESG指數進行投資

▶ 成為日本ESG 投資先驅的GPIF

GPIF 在 2017 年 10 月修改了投資原則（p.42）**之後，準備以所有資產進行 ESG 投資**。到了 2020 年 2 月之後，亦修改了「公積金基本指針」，準備從確保長期收益的觀點「考慮投資非財務因素的 ESG，並在進行個案檢討之後，採取必要的投資」，預備進一步推動 ESG 投資。

有鑑於此，便衍生出 **GPIF 依照挑選的「ESG」進行投資的模式**。2017 年 7 月，GPIF 選擇了三個 ESG 指數，宣布以 1 兆日圓（約 2,132 億新臺幣）的規模進行 ESG 投資之後，便不斷地擴大投資規模。到了 2018 年 9 月，又新增了兩個 ESG 指數，之後又在 2020 年 12 月新增了兩個 ESG 指數，直到 2021 年 5 月為止，總計挑選了七個 ESG 指數（參考右表）。此外，直到 2020 年 3 月底為止，根據 ESG 指數進行的投資金額已達 5.7 兆日圓（約 1.2 兆新臺幣）。

所謂的 ESG 指數就是由 ESG 評價優良的企業所組成的股票指數。不同的 ESG 指數有不同的特徵，例如有的將重點放在 ESG 之中的「E（環境）」，有的則關注「S（社會）」之中的女性活躍度，評估企業的方式都不一樣。

對於上市企業來說，若能成為 GPIF 投資的 ESG 指數的成員，自然就會受到市場關注，股價也有可能上漲，所以為了成為 ESG 指數的成員，就會積極從事 ESG 的相關活動。GPIF 致力於 ESG 投資這件事也激勵上市企業進一步解決 ESG 相關課題。

● GPIF挑選的七個ESG指數

綜合型指數

國內股票

FTSE Blossom Japan
Index

《投資金額》**9,314 億日圓**
（約 1,986 億新臺幣）

國內股票

MSCI Japan ESG
Select Leaders Index

《投資金額》
1 兆 3,016 億日圓
（約 2,775 億新臺幣）

外國股票

MSCI ACWI ESG
全球指數

• 於 2020 年 12 月新增

主題型指數

E（環境）

國內股票

S&P ／ JPX Carbon
-Efficient 指數

《投資金額》**9,802 億日圓**
（約 2,090 億新臺幣）

外國股票

S&P Global 中大型股票
Carbon-Efficient 指數
（除了日本）

《投資金額》**1 兆 7,106 億日圓**
（約 3,647 億新臺幣）

S（社會）

國內股票

MSCI 日本股票女性活躍指
數（俗稱「WIN」）

《投資金額》**7,978 億日圓**
（約 1,701 億新臺幣）

G（公司治理）

外國股票

Morningstar 性別多元化
指數（俗稱「GenDi」）

• 2020 年 12 月新增

* 投資金額為 2020 年 3 月底的資料　出要：GPIF

總　結

☐ ESG投資以長期的計畫追求報酬
☐ SRI給人重視倫理價值觀更勝於報酬的印象

「ESG投資金額」的日本國內市場規模已達310兆日圓

> ● 機構投資人的投資金額有超過一半準備投入 「ESG」

日本永續投資論壇（JSIF）將「永續投資金額」定義為「在分析投資與配置資產的決策過程中納入 ESG 相關課題，考慮投資標的永續性投資」。

JSIF 在調查日本國內的機構投資人之後，得知日本國內永續投資金額於 2014 年才 8,400 億日圓（約 1,791 億新臺幣）左右，但是到了 2020 年之後，已達 310 兆日圓（約 66 兆 995 億新臺幣），短短 6 年之內增加了 369 倍。從右頁的圖表來看，2020 年的投資金額比 2019 年的 336 兆日圓少了 26 兆日圓，一般認為這是因為統計時期恰恰落在全世界主要股票市場因新冠疫情爆發而暴跌的 2020 年 3 月底所致。從 2020 年 4 月開始，全世界的主要股票市場開始回漲，美國道瓊指數也於同年 11 月突破史上首見的 3 萬美元大關，日經平均股價也在 2021 年 2 月，睽違 30.5 年回到 3 萬日圓大關，所以在評估 2020 年永續投資金額的時候，必須納入上述的因素。

永續投資占整體投資金額的比例在 2015 年僅達 11.4%，但是到了 2020 年之後，已增加至 51.6%。在日本這邊，日本生命宣布，自 2021 年開始，將以所有資產與 ESG 的觀點進行投資，讓投資策略改弦易轍，快速轉型為 ESG 投資。機構投資人的 ESG 投資已經成為主流，這也代表未著手解決 ESG 課題的企業將被機構投資人排除在投資對象之外。

● 永續投資金額總和

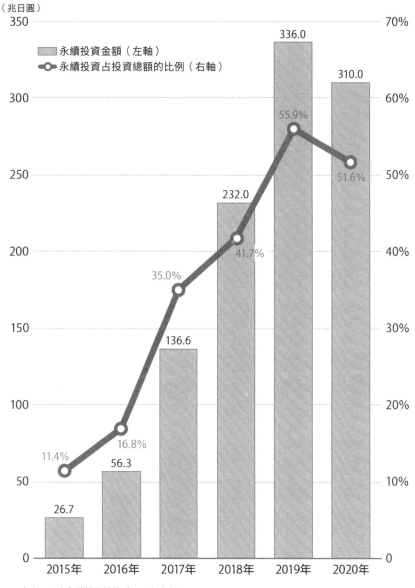

（兆日圓）

- 永續投資金額（左軸）
- 永續投資占投資總額的比例（右軸）

336.0

310.0

232.0

136.6

56.3

26.7

55.9%

51.6%

41.7%

35.0%

16.8%

11.4%

2015年　2016年　2017年　2018年　2019年　2020年

出處：日本永續投資論壇（JSIF）官網

總　結	□ 在日本，「ESG投資」已占所有投資金額一半以上
	□ 2020年的投資金額之所以減少，是受到新冠疫情的影響

機構投資人投資ESG的
七種手法

▶ ESG 投資的方法有很多種

　　為了提升事業在未來的競爭力與降低風險，積極透過非財務資訊獲得高於市場平均報酬的 ESG 投資有多種手法；**GSIA**（p.40）**定義了下列七種 ESG 投資手法。**

　　①負面篩選：將武器、賭博、香菸、化石燃料、核能相關的企業排除在投資對象之外的手法。

　　②正面篩選：將積極參與 ESG 的企業視為中長期成長企業，再集中投資高 ESG 評價企業的手法。

　　③根據規範篩選：將不符合人權、環境這類國際規範的企業排除在投資對象之外的手法。

　　④ESG 整合：根據財務資訊與非財務資訊（ESG 資訊）分析投資對象，進行分散投資的手法。

　　⑤永續發展主題性投資：投資與永續發展有關的主題或資產的手法。比方說，投資綠色能源、綠色科技、永續發展農業這類主題。

　　⑥衝擊性投資／社群投資：這是重視投資對環境或社會產生何種影響（本質上的變化）的投資手法。投資社會弱勢族群或是被社會排除的社群稱為「社群投資」。

　　⑦議和・行使決議權：股東積極要求企業的投資手法。在股東行使決議權時，要求企業披露資訊，以及根據 ESG 的概念改革經營方式。

● ESG投資的7種投資方法資產餘額

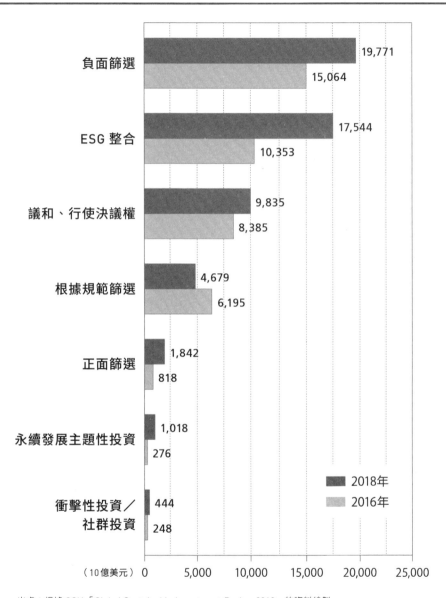

出處：根據 GSIA「Global Sustainable Investment Review 2018」的資料繪製

總　結	□ ESG投資總共有七種手法
	□ 負面篩選與ESG整合為主流

了解歐美的機構投資人
在ESG投資的動向

▶ 歐洲與美國的機構投資人面對ESG 投資的方法不同

　　放眼全世界，在 ESG 投資最具存在感的莫過於歐洲的機構投資人，其在解決氣候變遷問題這一塊，更是比其他國家或地區的機構投資人更加極積。

　　那麼，為什麼歐洲的機構投資人會如此積極呢？其中有好幾個理由。①歐洲的企業、政府對於設定標準化的環保規範非常積極，②一般市民對於 ESG 投資也比較關心，③歐洲的環境 NPO、NGO 具有相當程度的發言權與影響力，一般認為這些都是讓歐洲的機構投資人積極投資 ESG 的理由。

　　歐洲的機構投資人通常會積極介入企業經營，一如從火力發電撤資（p.52），這些歐洲的機構投資人以「負面篩選」的方式為主流，排除那些對環境或社會造成不良影響的投資對象。

　　另一方面，美國的機構投資人則傾向追求經濟方面的報酬。一旦對 ESG 投資的看法改變，或是 ESG 投資被認為「賺不了錢」，ESG 投資就很有可能退流行。

　　日本的機構投資人在 ESG 投資的經驗與歷史都遠遠不及歐美國家，也不像歐美的機構投資人那樣表明對 ESG 投資的態度。有些機構投資人較重視社會方面的報酬，有些則以改善風評為主要目的，各自都有自己的立場。

● 日本、歐洲、美國的機構投資人對於ESG投資都有不同的看法

積極介入企業經營
➡ 要求企業回應政府或社會對 ESG 元素的
　要求

傾向追求經濟方面的報酬
➡ 以利益最大化為優先，不犧牲投資報酬的
　立場

不像歐美那樣表明立場，機構投資人各有不
同的立場
➡ 近年來以 ESG 整合為主流，真要說的話，
　偏向美國的做法

● ESG投資的手法與各地區的明細（2018年）

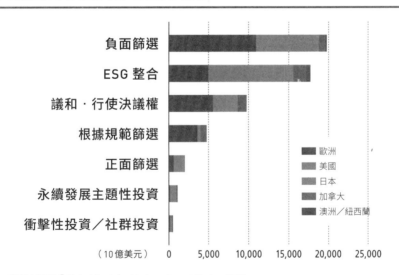

出處：GSIA「Global Sustainable Investment Review 2018」

總　結	□ 歐洲傾向追求社會方面的報酬，美國則傾向追求經濟方面的報酬 □ 日本較偏向美國的做法

51

撤資（Divestment）──
哪些是被排除在投資對象之外的企業？

▶ 機構投資人的「撤資行動」越演越烈

　　一如 p.38 所述，1920 年代的美國基督教教會在考慮資產配置時，會根據宗教觀點將香菸、酒精、賭博的相關企業排除在投資對象之外，以及從這些企業「**撤資（divestment）**」。一般認為，這就是「撤資」的濫觴。

　　1980 年代，反對南非種族隔離政策（apartheid）的運動如火如荼展開之後，各國的大學基金與官方年金賣掉進軍南非的企業的股票。1990 年代，臭氧層破洞的這類環境問題受到關注後，大眾便紛紛要求企業重視 CSR（企業社會責任），也嚴格審視利益至上的貪婪企業。到了 2010 年 8 月，奧斯陸公約起動後，挪威政府養老基金（GPFG）與歐美的機構投資人便根據人道觀點從開發集束彈的相關企業撤資，這類活動也一下子就擴散開來。

　　近年來則是因為氣候變遷風險越來越高，而大規模地從化石燃料相關企業撤資。換言之，越來越多機構投資人要求企業增加再生能源的比例。2021 年 5 月，超過 1,300 家的機構投資人宣布從化石燃料的企業撤資，其投資金額高達 14.56 兆美元（約 464 兆新臺幣）。

　　此外，GPIF 希望透過對話（議和）的方式促使企業改變，而不是以撤資的方式進行威脅。

● 從化石燃料領域撤資的概要

宣布從化石燃料撤資的
機構投資人數量
1,319

宣布撤資的資金總額
14 兆 5,600 億美元
（約 463 兆 7,360 億新臺幣）

機構投資人的明細

- ■ 宗教組織 ·············34%
- ■ 教育機構 ·············15%
- ■ 慈善團體 ·············15%
- □ 政　府 ·············12%
- ▨ 年金基金 ·············12%
- ■ 企　業 ·············5%
- ▨ NGO ·············4%
- ■ 醫療機構 ·············1%
- 文化設施 ·············0%
- 其　他 ·············0%

出處：Fossil Free

● 挪威最大的養老基金KLP從日本企業撤資的明細

企業名稱	理由	時間點	企業名稱	理由	時間點
日本菸草產業（JT）	菸草	1999 年 1 月	札幌集團控股	酒精	2019 年 6 月
東京電力	環境	2013 年 12 月	寶控股公司	酒精	2019 年 6 月
北陸電力	煤炭	2014 年 12 月	東北電力	煤炭	2019 年 6 月
電源開發（J-POWER）	煤炭	2015 年 6 月	中部電力	煤炭	2019 年 6 月
四國電力	煤炭	2015 年 12 月	關西電力	煤炭	2019 年 6 月
北海道電力	煤炭	2016 年 6 月	九州電力	煤炭	2019 年 6 月
沖繩電力	煤炭	2016 年 6 月	三井物產	煤炭	2019 年 6 月
中國電力	煤炭	2017 年 1 月	東京都競馬	賭博	2019 年 6 月
朝日集團控股	酒精	2019 年 6 月	讀賣樂園	賭博	2019 年 6 月
麒麟集團控股	酒精	2019 年 6 月			

出處：KLP 官網

總　結	□ 越來越多從化石燃料相關企業撤資的案例
	□ 日本企業也成為海外年金基金撤資的對象

進入2020年之後，突然急速增加的 個人永續發展投資金額

▶ 散戶也積極投資ESG

由於「ESG」、「永續發展」、「SDGs」這些詞彙越來越耳熟能詳，**所以日本在進入2020年之後，針對個人推出的金融商品越來越多，投資信託與債券的投資金額也急速增加**。這是因為想要追求長期報酬的散戶越來越多。

針對散戶需求而推出的金融商品也越來越多，目前市面上已有各式各樣的投資商品。

比方說，鎌倉投信經營的「結2101」就針對與所有利害關係人併肩前行的企業投資，也就是投資今後日本真正需要的「優質公司」；鎌倉投信在其官網指出投資「優質公司」的理由，所以大家若想從ESG的觀點進行投資，不妨參考他們的說明。

此外，一如大和資產管理經營的「女性活躍支援基金（俗稱：椿）」，這類「投資女性越是活躍，越有機會成長的企業」的主題型投信機構也越來越受人歡迎。

在個人債券方面，對於只將募集的基金用於環境專案的「Green Bond」以及只將基金用於消弭階級專案的「Social Bond」這類社會貢獻型債券（ESG債）的投資也不斷增加。

原本覺得「只要是能賺錢的投資就可以」的**散戶也開始積極投資能兼顧「社會貢獻」與「利益」的金融商品**。

● 個人金融商品的永續投資金額

出處：日本永續投資論壇（JSIF）

● 在日本銷售的主要ESG基金（2021年5月底）

	基金名稱	評估項目	經營公司	資產淨額(億日圓)
國內股票型	結 2101	CSR	鎌倉投信	478.1
	女性活躍支援基金	女性經濟	大和資產管理	239.9
	NISSAY 健康支援基金	健康	NISSAY 資產管理	271.3
	NZAM 上場投信 S&P／JPX 碳效率指數	環境	農林中金全共連資產管理	285.7
國際股票型	全球 ESG 優質成長股票基金（無外匯避險）	ESG	資產管理 One	10,684.7
	野村貝萊德循環經濟相關股票投信 B 式（無外匯避險）	環境	野村資產管理	971.6
	世界影響力投資基金（俗稱：Better World）	影響力投資	三井住友 DS 資產管理	377.5

總結	□ 自2020年之後，ESG投資也受到散戶歡迎
	□ 可參考機構投資人挑選ESG基金成分的股票基準

55

一起了解最令人在意的
ESG投資報酬的現況

● ESG 投資在過去三年內高於市場平均

　　既然 ESG 投資是重視投資報酬的投資方式，實際的投資報酬率當然很讓人在意。在此參考的是帶動日本國內 ESG 投資的 GPIF 所選擇的 ESG 指數。讓我們透過 GPIF 的「2019 年度 ESG 活動報告」確認投資報酬率吧。

　　右圖的表格是 GPIF 選擇的 ESG 指數（p.44）在 2017 年 4 月～ 2020 年 3 月的三年投資報酬率，從中可以發現**ESG 投資的年化報酬率高於市場平均**「國內股票市場：TOPIX（東證股價指數）、外國股票市場：MSCI ACWI（排除日本）。」

　　不過要注意的是，三年只能算是相當短暫的時期，ESG 投資是以「長期投資對社會永續發展做出貢獻的企業，應該會獲得更高的報酬」為前提的投資手法，所以必須長期觀察才行。從 2020 年 7 月日本銀行發表的報告來看，目前「大部分的機構投資人都還無法確定 ESG 與經濟報酬的相關性」。

　　話雖如此，只要 ESG 指數持續高於市場平均，就能證實「ESG 投資能對 ESG 課題做出貢獻，又能得到經濟方面的回饋」，連帶拉高 ESG 相關的股票與債券的價格才對。

　　利用日本國民的年金為日本國民謀取利益，履行「信託責任」的 GPIF 是以具有投資效益為大前提，透過 ESG 投資的方式來經營基金，其結果也會影響日本國民領取年金的多寡，所以也需要觀察 GPIF 今後的動向。

● GPIF選擇的ESG指數的表現

● 以日本股票為對象的 ESG 指數	2017 年 4 月～ 2020 年 3 月 (換算為年化報酬率之後)		
	該指數	母指數	TOPIX
MSCI Japan ESG Select Leaders 指數 （母指數：在 MSCI JAPAN IMI 之中，市值為前 700 名的股票）	2.24%	0.09%	▲0.14%
MSCI 日本股票女性活躍指數 （母指數：在 MSCI JAPAN IMI 之中，市值為前 500 名的股票）	1.99%	0.17%	▲0.14%
FTSE Blossom Japan Index （母指數：FTSE JAPAN INDEX）	0.15%	0.08%	▲0.14%
S&P/JPX 碳效率指數 （母指數：TOPIX）	0.10%	▲0.14%	▲0.14%

● 以外國股票為對象的 ESG 指數	2017 年 4 月～ 2020 年 3 月 (換算為年化報酬率之後)		
	該指數	母指數	TOPIX
S&P/JPX Carbon Efficient 中大型股票指數 （排除日本）（母指數：S&P 中大型股票指數 （排除日本））	1.28%	1.13%	0.92%

出處：GPIF「2019 年度 ESG 活動報告」

● 母指數與 GPIF 選擇的 ESG 指數的相關性
  例：MSCI Japan ESG Select Leaders 指數

母指數 → 挑出 ESG 評價較高的股票 → GPIF 挑選的 ESG 指數

母指數		GPIF 挑選的 ESG 指數
MSCI Japan IMI TOP 700 指數	挑出 ESG 評價較高的股票	MSCI Japan ESG Select Leaders 指數
日本市值前 700 名的股票		約 230 種用於 ESG 分數的股票

總 結	☐ GPIF的ESG指數留下了高於市場平均值的成績 ☐ 仍有投資者懷疑ESG投資的優異性

如果ESG投資越來越熱絡，
會得到什麼結果？

● ESG 投資能讓社會朝向更美好的方向發展

在前任聯合國祕書長安南提出 PRI 之後，考慮環境、社會與公司治理的 ESG 投資便於全世界普及，但只要是投資就一定需要追求報酬，必須讓投資者獲利，因此有些機構投資人懷疑ESG投資是否真能創造利益。

當流入 ESG 投資的資金越來越多，企業就必須為了吸引投資而提高 ESG 分數，也就會積極投入 ESG 的相關活動，長期提升企業價值，如此一來，股價會跟著上張，機構投資人也能享受報酬。一如 p.56 所述，ESG 分數較高的企業比分數較低的企業表現更好。

此外，**當企業重視 ESG，環境與人權就能得到保護，我們的社會也會朝更好的方向前進，而一般的市民也能享受到這些好處，還能達成 SDGs 的目標。**

讓我們試著從另一個觀點來看。GPIF 的 ESG 投資若能得到不錯的效益，日本人擔心的年金財政問題就能得到解決。如果日本企業積極參與 ESG 活動，就能獲得國際的好評，也能一掃日本股票成長力道不佳的陰霾，提升日本股票的魅力。

由此可知，**ESG 投資具有讓環境、社會、經濟產生正向循環的潛力。**

● 日本擴大投資促進的正向循環

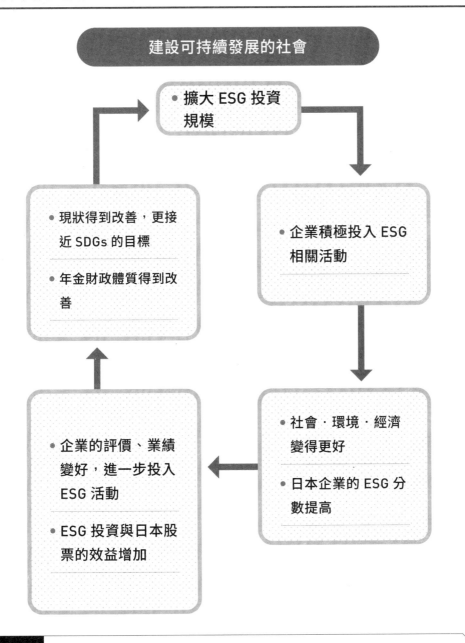

建設可持續發展的社會

• 擴大 ESG 投資規模

• 現狀得到改善，更接近 SDGs 的目標
• 年金財政體質得到改善

• 企業積極投入 ESG 相關活動

• 企業的評價、業績變好，進一步投入 ESG 活動
• ESG 投資與日本股票的效益增加

• 社會·環境·經濟變得更好
• 日本企業的 ESG 分數提高

總　結
☐ ESG投資可促成SDGs的實現
☐ ESG投資可為環境、社會、經濟創造正向循環

拜登政府因應美國環境問題的方式

　　由於前美國總統川普認為一切該以經濟為優先，所以對氣候變遷政策抱持否定的態度，也決定脫離全世界氣候變遷對策的「巴黎氣候協議」，不過美國總統拜登卻在第一天上任的時候簽署行政命令，宣布美國重返巴黎氣候協議。

　　美國總統拜登認為「美國必須領導全世界，一起因應氣候變遷危機」。在此之前，歐巴馬政府提出了「在 2025 年之前，要讓溫室氣體排放量比 2005 年少 26 ～ 28%」的目標，但是在 2021 年 4 月由美國主辦的全球氣候峰會之中，美國總統拜登進一步拉高了目標，發表美國要在「2030 年的時候，讓溫室氣體排放量比 2005 年減少 50 ～ 52%」，這可說是非常強勢的發言。

　　拜登政權為了讓美國進一步成長，宣布在八年之內對基礎設施改善、氣候變遷對策投入 2 兆美元（約 63 兆新臺幣）的「美國就業計畫」，其中也包含了各種環境政策。

　　其中包含消費者購買美國生產的電動汽車，就能得到稅制上的優惠與補貼，以及將五萬台物流柴油車換成電動汽車，同時希望全美約 50 萬台的校車至少有兩成也換成電動汽車，在 2030 年之前，能在全美設置 50 萬處充電設備。此外，就算讓電動汽車普及，但是發電廠還是會大量排放溫室氣體的話，無助於減少全國溫室氣體排放量，所以不再補助銷售天然氣或煤炭這類化石燃料的企業，也準備耗費 1,000 億美元（約 3 兆 1 千多億新臺幣）重建電網，讓發電廠在 2035 年之前實質達成溫室氣體零排放的公約。這些計畫的實施情況與經濟效應也得到不少關注。

Part

3

ESG的實質標準由歐洲主導！
再不覺醒，
日本企業就要被全世界**淘汰**

日本企業不能再只是
「顧慮」ESG

▶ 環境、社會、公司治理的觀點越來越受到重視

「ESG」這個詞彙在日本越來越常見，應該也有不少企業覺得「再不顧慮 ESG」就會跟不上時代潮流。

可是**從全球的觀點來看，現在已經不是「顧慮」ESG 的時候**。所謂的「顧慮」往往帶有「希望得到好的結果，而在乎各種因素」的意思，卻也隱含著「再不做就太慢了，所以至少要做做樣子」這種不上不下的意涵。

不過，企業已經不能只是「顧慮」ESG 而已，因為從全球的標準來看，企業從事 ESG 相關活動已是「理所當然的事」，所以若不從「顧慮」改變成「立刻採取行動」的立場，很有可能被這個「理所當然」的全球標準淘汰。說得誇張一點，企業若不從事 ESG 相關活動，就像是在新冠疫情期間不帶口罩，還在外面大聲說話，四處遊蕩一樣。

可惜的是，**大部分的日本中小企業或大型企業都不了解 ESG 的本質，只覺得到了該顧慮 ESG 的時候**。因此，第一步就是先認清現狀。

● 不要再「顧慮」而是要趕快「執行」

顧慮

【意思】希望得到好的結果而注意某事。用心。

【相似詞】擔心、在意、用心、關注

常見的說法

ESG 是顧慮環境、社會、
公司治理的概念

只是顧慮（擔心）毫無意義！

正確的思維

ESG 是對環境、社會、
公司治理採取行動的概念

總 結
☐ 只有採取行動，ESG才具有意義，否則毫無意義可言
☐ 採取行動，解決ESG課題已是理所當然的事

再這樣下去，日本的產品
就要被全球市場淘汰

▶ 禁止汽油車象徵著日本在ESG 的落後

我必須說，日本企業若是再不改變心態，前途將一片黯淡，因為就算日本企業的產品得到日本國內消費者的青睞，也很可能無法於全球市場流通。

以日本國內的環保汽車為例，目前以使用汽油與電力，但不能從插頭充電的「油電混合動力車（HV）」為主流，然而歐美一帶則以可加油，又能從插頭充電的「插電式混合動力車（PHV）」以及只靠電力為動力的「電動汽車（EV）」為主流，因此有些國家透過政策禁止銷售汽油車、柴油車、PHV，要求企業轉型生產電動汽車（參考右頁上方表格），電動汽車也在這些國家先一步加速普及（參考右頁下方表格）。2020 年，電動汽車特斯拉的股價市值超越 TOYOTA，成為世界第一，而這或許是象徵世界潮流的事件。日本企業再不遵循外國的規則，早晚無法於全球市場中競爭。另一方面，在 2021 年 5 月的時候，日本總算在 2030 年代中期進入禁止汽油車銷售的最終階段。

這類情況不只在汽車產業發生。電子產品、容器包裝、塑膠、纖維製品以及各種產業都需要符合 ESG 的規範，要在歐美或中國做生意，**就必須遵守對方的規則，否則連擂台都上不去**──日本的企業必須知道目前已經是這樣的時代。

● 主要國家的汽油車、混合動力車的新車銷售規範趨勢

國名	規範上路日期	汽車、柴油車	HV、PHV
挪威	2025	禁止銷售	禁止銷售
瑞典	2030	禁止銷售	禁止銷售
荷蘭	2030	禁止銷售	禁止銷售
英國	2030	禁止銷售	禁止銷售（2035 年～）
中國	2035	禁止銷售	未禁止
加拿大（例如魁北克）	2035	禁止銷售	HV 禁止銷售
美國（例如加州）	2035	禁止銷售	禁止銷售
法國	2040	禁止銷售	禁止銷售

出處：各報導

● 各廠商電動車銷售台數（2020年）

排名	製造商名稱	總公司根據地	銷售台數
1	特斯拉	美國	499,535
2	福斯	德國	220,220
3	BYD（比亞迪）	中國	179,211
4	SGMW（上汽通用五菱汽車）	中國	170,825
5	BMW	德國	163,521
6	Mercedes	德國	145,865
7	雷諾	法國	124,451
8	Volvo	瑞典	112,993
9	Audi	德國	108,367
10	SAIC（上海汽車集團）	中國	101,385
14	日產汽車（日）	日本	62,029
17	TOYOTA 汽車（日）	日本	55,624
		世界總和	3,124,793

出處：EV sales

總　結	□ 不能只看日本的規則，必須依照該國的規則做生意
	□ 越來越需要掌握其他國家的動向

與世界標準脫軌的
日本「回收」概念

▶ 「熱回收」真的算是回收嗎？

　　日本是塑膠分類回收的大國，各類塑膠回收率高達85%（2019年），是全世界前段班的好成績。但是，在日本回收的塑膠裡有七成都是以焚燒的方式處理，未能轉換成新的商品。

　　所以「85%的回收率」是假的嗎？其中的巧妙之處在於對回收的定義。**日本的回收分成「材料回收」、「化學式回收」與「熱回收」這三種。**其中讓寶特瓶垃圾再生為寶特瓶這種「讓東西重生為另一項東西」的方式是「材料回收」，至於先將廢棄的塑膠分解為分子，再組成新塑膠材料的方式屬於「化學性回收」，而這兩種回收方式都還在我們認知的回收範圍，但將那些以原油為原料的膠塑丟進焚化爐內燃燒，再利用產生的熱能當成火力發電的能量所使用的「熱回收」，卻占了日本的回收七成比例。

　　應該有人會覺得「這樣算回收嗎？」照理說，「回收」是指「讓東西變得還能使用的過程」才對。明明全世界的標準都認為，將回收的東西做成不同形狀或用途的產品不算是回收，但是**燃燒塑膠，產生溫室氣體的熱回收在其他國家眼中，不過是只圖自己方便的狡辯**。重點不在於回收率，而是解決環境問題。日本還有許多與全世界的標準脫軌，卻未被發現的部分，我們也要知道這些情況，同時觀察全世界的動向。

● 日本自行定義的回收

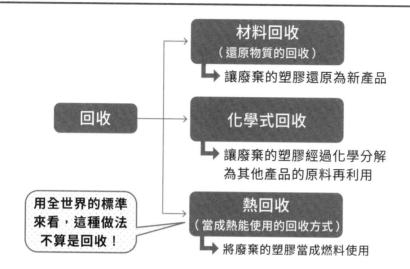

● 日本廢棄塑膠的回收量與回收率的趨勢

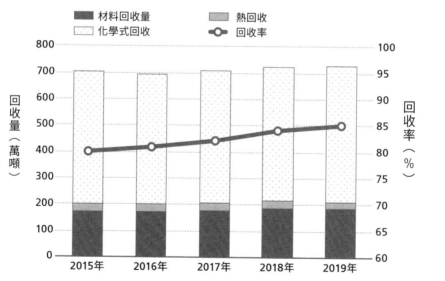

出處：塑膠循環利用協會「2019 年塑膠產品的生產、廢棄、再生與處理的狀況」

總　結	☐ 日本自創的標準與世界標準不同軌
	☐ 必須以世界標準來做生意，否則無法與全世界競爭

了解「硬法」與「軟法」

▶ 缺乏法律約束力的 「軟法」的重要性

我們的生活受到許多規則束縛，其中最具代表性的就是法律，但其實還有其他規則。比方說，「校規」就是其中之一。就算未違反法律，只要違反了校規，還是會被學校處罰。由此可知，我們的社會具有兩大類的規則，**一種是具有絕對約束力的法律，也就是「硬法」，另一種則是缺乏法律約束力的社會規範，也就是「軟法」。**

「ESG」和「PRI（責任投資原則，p.34）」雖然都沒有法律約束力，但是近年來卻慢慢成為一種社會規範，而**重視這類軟法的趨勢也越來越明顯**。

如果把 ESG 當成「軟法」，覺得「只要沒有觸犯法律，就算汙染環境又怎麼樣？」就會被投資人或是消費者問罪，接受社會的制裁。**六法全書雖然沒有提到 ESG，但是 ESG 卻慢慢地成為某種具有實質約束力的軟法。**

compliance 這個英文單字常被譯為「遵守法令」，但我們的世界已轉型為不是法令的軟法都要遵守的社會，而這種情況也稱為「廣義的遵守法律」。由於我們的社會變化越來越快，所以在軟法生效後，硬法跟著訂立的情況也越來越多。如果不採取「在立法之前遵守軟法」的態度，就會被變化極快的商界淘汰，被全世界的競爭對手遠遠甩在後面。

● 「硬法」與「軟法」的差異以及遵守法令

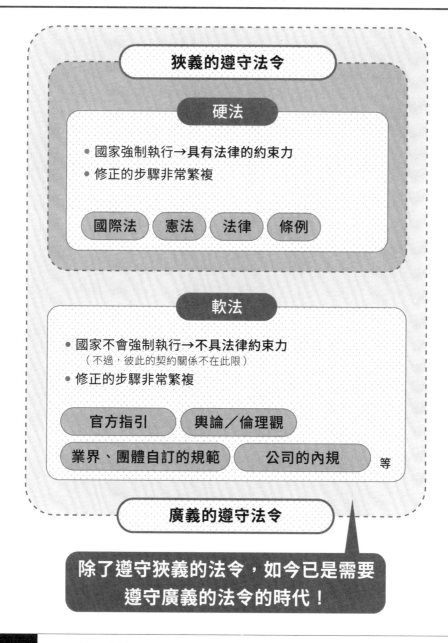

狹義的遵守法令

硬法

- 國家強制執行→具有法律的約束力
- 修正的步驟非常繁複

國際法　憲法　法律　條例

軟法

- 國家不會強制執行→不具法律約束力
  （不過，彼此的契約關係不在此限）
- 修正的步驟非常繁複

官方指引　輿論／倫理觀

業界、團體自訂的規範　　公司的內規　　等

廣義的遵守法令

**除了遵守狹義的法令，如今已是需要
遵守廣義的法令的時代！**

總結	□ 硬法具有法律約束力，但軟法沒有 □ 目前已轉型為連軟法都必須遵守的時代

69

為企業的成本帶來經濟合理性的
是「規則」

▶ 規則讓 「經濟合理性」產生變化

讓 ESG 課題堆積如山的原因之一在於企業對「經濟合理性」的看法。一直以來，企業之所以不斷破壞環境與侵害人權，在於這些企業信奉的是「舊資本主義（p.20）」，認為隨意處理廢棄物以及讓勞工長時間工作，才能夠符合短期提升利潤的「經濟合理性」，但如今每個人都知道這種概念是種時代錯誤。

在過去，NIKE 曾爆發迫使兒童工作的醜聞，也因此引爆了拒買運動，進而遭受巨大損失。日本也曾發生連鎖品牌的居酒屋員工因為過勞而自殺，導致顧客不再願意上門光顧的事件。

每當企業爆發醜聞，社會就會出現新規則。新規則之一的 ESG 就是源自「對於過度追求短期利潤」的反省，也是一種試著信奉「新資本主義（p.20）的挑戰，讓「解決社會課題」成為某種「經濟合理性」。**新資本主義可釐清環境、社會、公司治理相關事物的優缺點，也可帶來「企業對 ESG 課題做出貢獻＝創造利潤」的經濟合理性。**

NIKE 在學到教訓之後，開始著手解決供應鏈的工作環境問題，以及童工的人權問題，也因此被評為重視社會責任的企業。如果當時沒有如此改善，NIKE 就不會像現在這麼興盛。從長遠的角度來看，致力於 ESG 課題可說是日後的利潤來源。

可惜的是，現在的日本仍然**從成本考量 ESG 問題，遲遲不願面對 ESG 問題。**

● 改變規則就能讓「利潤變成成本」或是「成本變成利潤」

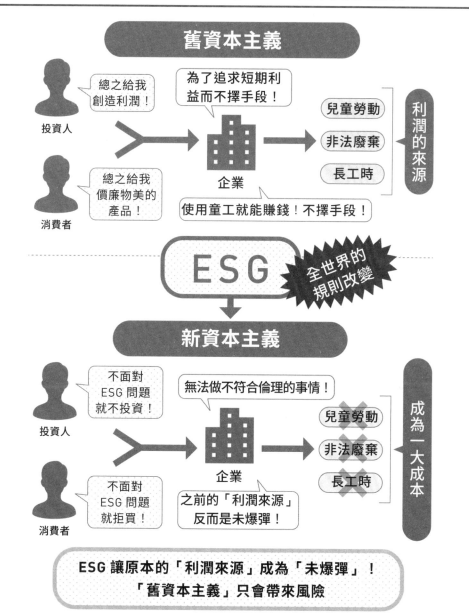

舊資本主義

投資人：總之給我創造利潤！

消費者：總之給我價廉物美的產品！

為了追求短期利益而不擇手段！

企業

使用童工就能賺錢！不擇手段！

兒童勞動
非法廢棄
長工時

利潤的來源

ESG　全世界的規則改變

新資本主義

投資人：不面對 ESG 問題就不投資！

消費者：不面對 ESG 問題就拒買！

無法做不符合倫理的事情！

企業

之前的「利潤來源」反而是未爆彈！

兒童勞動
非法廢棄
長工時

成為一大成本

ESG 讓原本的「利潤來源」成為「未爆彈」！
「舊資本主義」只會帶來風險

總　結

□ 挑戰規則能為成本帶來新的經濟合理性
□ ESG讓過去的「成本」變成「利潤來源」

「規則」與「創新」之間的
正確關係

● 曾因規則阻礙創新的日本

訂立規則的重要之處在於能夠推動創新，讓解決社會課題成為合理的經濟行為，且日本曾在這點犯下大錯。

在過去，日本企業曾在半導體業界叱吒風雲，但從右頁的表格可以得知，日本在 2020 年的時候，已在半導體業界銷聲匿跡。原因之一就是日本政府訂立了錯誤的規則。

需要大型設備的半導體產業是不折不扣的設備產業，規模越是擴大，產能越能提升，規模經濟也越是強大。至 2007 年，日本政府為了消弭都市與鄉村的差距，實施了在日本各地培育產業集中區的「企業立地促進法」，希望透過補貼地方政府，在各地設立工廠，導致日本各地出現規模不上不下的半導體工廠。當政府重視「消弭都會與鄉村的差距」，使一大堆不具規模經濟的小工廠如雨後春筍冒出，也因此失去了國際競爭力與創新能力。遺憾的是，此舉也未必能真的消弭「地方與中央的差距」。

日本必須從這次的失敗學到教訓。如果不設立正確的規則，有時反而會妨礙創新。另一方面，看似某種規則的 ESG 雖然限制了許多事情，但只要能突破這類限制，**就能研發出抑制溫室氣體排放量的新技術，也能產生新的經濟效果。**

● 全世界半導體企業的市占率

1989 年

製造商	市占率
日本電氣（日）	7.7%
東芝（日）	7.4%
日立製作所（日）	6.2%
摩托羅拉（美）	5.5%
富士通（日）	4.8%
德州儀器（美）	4.8%
三菱電機（日）	4.3%
英特爾（美）	4.2%
松下電子工業（日）	3.1%
飛利浦（荷蘭）	2.8%

2020 年

排名率	製造商	市占率
1	英特爾（美）	15.6%
2	三星電子（韓）	12.4%
3	SK 海力士（韓）	5.5%
4	美光科技（美）	4.7%
5	高通（美）	3.8%
6	博通（美）	3.4%
7	德州儀器（美）	2.9%
8	聯發科（台）	2.4%
9	輝達（美）	2.3%
10	鎧俠株式會社（日）	2.2%

出處：DateQuest、Gartner（2021 年 4 月）

● 「規則」與「創新」的健康、不健康關係

健康關係	不健康關係
● 促進創新 ● 產生經濟效益 〇	● 妨礙創新 ● 無法產生經濟效益 ✕
例	例
● 要求機構投資人投資 ESG，讓企業採取 ESG 經營模式的「PRI」 ● 要求企業保護環境，誘發創新的「ESG」	● 讓日本半導體業界失去國際競爭力的「企業立地促進法」 ● 在發放風力發電場建造許可的過程加上複雜的法令、條例，導致申請的手續變得非常繁複

總 結	☐ 跨越規則，就能帶來創新 ☐ 規則不能成為創新的絆腳石

ESG的標準由歐洲一手訂立

▶日本無法以獨自進化的標準與全世界競爭

就現況而言，**握有訂立 ESG 相關規則主導權的是歐洲**。歐洲訂立的規則成為「**實質標準**（de facto standard）」或「**強制性標準**（例如得到 ISO 或 JIS 這類制定規格的國際標準化組織認證的標準）」，已是世界潮流。

訂立規則之所以如此重要在於一旦握有主導權，就像是透過 Windows 握有電腦作業系統實質標準的微軟那樣，在後續的事業獲得優勢。

一如 p.66 所述，在日本被視為回收方法之一的「熱回收」在歐盟不算是正確的回收方式，也不符合全世界的實質標準。這項事實也告訴我們，**日本企業必須先認知「外國另有實質標準」這件事**。如果日本企業只將注意力放在日本國內獨自進化的規則，卻忽視實質標準或是強制性標準，就會變成「缺乏常識的人」，不知不覺地被全世界的市場淘汰。

一如國家標準配合地區標準，地區標準配合國際標準：配合範圍更大的標準才是基本常識。歐洲很早就邀請北美、亞洲、非洲的相關人士一起訂立國際標準，所以日本也應該注意歐洲訂立規則的動向，趁早參與訂立規則的過程。

● 「實質標準」與「強制性標準」

實質標準	強制性標準
De facto Standard 事實上的標準	De jure Standard 經認證的標準
「定義」無法律約束力，卻是在經過競爭之後形成的市場實質標準	「定義」透過官方的標準化組織而正式認證的標準
「普及過程」市場原理	「普及過程」透過公權力強制
「具體範例」 • 「Windows」作業系統 • 計算溫室氣體（GHG）排放量的「溫室氣體盤查議定書」 • 定義百分之百再生能源的「RE100」 • 作為人權標準的「聯合國工商企業與人權指導原則」	「具體範例」 • 國際標準化組織認定的「ISO規格」 • 日本產業標準調查會制定的「JIS規格」 • 美國電機電子工程師協會制定的「IEEE規格」 • 國際電信聯盟制定的「ITU規格」

● 各層級的標準

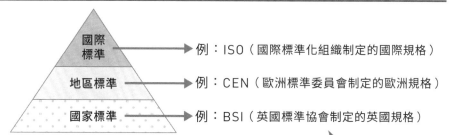

國際標準 ——→ 例：ISO（國際標準化組織制定的國際規格）

地區標準 ——→ 例：CEN（歐洲標準委員會制定的歐洲規格）

國家標準 ——→ 例：BSI（英國標準協會制定的英國規格）

低層級的規格通常需要配合高層級的規格

總結	☐ 標準分成「實質標準」與「強制性標準」 ☐ ESG的標準通常由歐洲主導

自訂規則的歐洲企業
與等到政府制定規則的日本企業

▶如今已是企業早國家一步制定規則的時代

　　剛剛提到，制定 ESG 實質標準的是「歐洲」，而其中的主導者不是歐洲政府，而是歐洲的企業。簡單來說，就是企業率先制定規則，主動解決 ESG 問題。

　　由企業自訂的規則在後來成為硬法，具有強烈約束力的例子也越來越多。其實仔細一想，會覺得這是理所當然的事。具有專業知識的當事人所訂立的軟法，當然比國會議員這類政治家制定的硬法（法律）更快形成。

　　對於制定規則的企業而言，就算自己制定的規則變成硬法了，也只需要遵循原本的做法，不會出現額外的負擔，但是那些未參與制定規則過程的企業，以及根本不知道有規則存在的企業，就會被迫轉型與遵守規則，自然覺得壓力很沉重，就算是具有相當技術能力的企業，有時候也有可能因為某些規則而陷入經營困境。就這層意義而言，**早一步參與制定規則的過程，訂立有利於自家公司的規則，日後才有機會順利拓展事業**。

　　不過，大部分的日本企業都覺得「規則該由國家制定」，不太想成為主導規則的角色。說得更直接一點，許多日本企業根本不在乎外國那些具有實效性的軟法，所以才會被歐洲搶走制定「實質標準」的主導權。

● 參與制定規則的過程可創造下列四種效果

1	增加業績	制定讓自家公司的產品更具市場差異性的規則，就能增加業績
2	避免業績下滑	制定規則，避免不利於自家公司競爭的環境形成，就能避免業績下滑
3	減少成本	將自訂的規則套用在其他國家，就能以相同的規則生產產品，也能減少成本
4	避免成本增加	阻止不利於自家公司的規則出現，就能避免成本增加

● 日本企業與歐美企業在制定規則上的立場

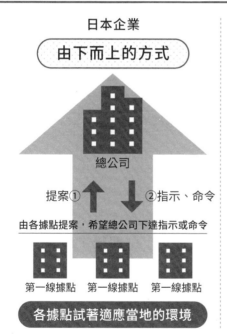

日本企業

由下而上的方式

總公司

提案① ②指示、命令

由各據點提案，希望總公司下達指示或命令

第一線據點　第一線據點　第一線據點

各據點試著適應當地的環境

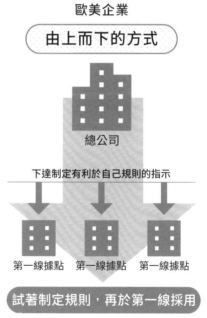

歐美企業

由上而下的方式

總公司

下達制定有利於自己規則的指示

第一線據點　第一線據點　第一線據點

試著制定規則，再於第一線採用

總 結	□ 需要多關注成為法律之前的軟法
	□ 應該知道制定規則能幫助企業獲利

讓人不得不在意的「中國」環保問題的現況

在過去，中國的電力約有六成來自火力發電，也站在不得不大量排放溫室氣體的立場。不過，2020 年 9 月，習近平國家主席宣布「要在 2060 年之前，讓溫室氣體排放量實質歸零」，如此大幅度轉變的立場讓全世界為之震驚，而這項目標也被視為「相當積極的心態」得到國際社會的好評。

中國為了在 2060 年之前實現零排放的目標，提出了在 2030 年之前利用非化石能源彌補 25% 的一級能源這個目標。中國除了以「減碳」這個概念作為新經濟發展的催化劑之外，更傾全國之力發展再生能源，這也讓全世界的太陽能面板產量有七成握在中國企業手裡。

儘管中國與美國在維吾爾民族、香港的人權問題、安全保障問題對立，卻在 2021 年 4 月舉辦的全球領袖氣候峰會展現了與美國合作的態度。此外，還提出了「先進國家與發展中國家」對立的概念，習近平也以代表發展中國家的身分提出「先進國家應該適當地支援發展中國家資金與技術」，對先進國家施加壓力。這背後應該是就現況而言，「要在 2060 年之前達成溫室氣體排放量歸零」的目標十分困難，想要替自己留條退路的心態。

目前全世界溫室氣體排放量最高的國家是中國，因此也是決定氣候變遷對策能否成功的國家，今後的動向應該也會受到全世界關注才對。

Part

4

要實踐ESG，
就要將ESG當成經營企業的常識！
為什麼企業該推動「**ESG經營模式**」呢？

何謂「ESG經營模式」？

▶ 來自外部的力量將促成中長期的成長

　　大量生產、大量消費的社會的確帶來了經濟成長以及物質豐富的生活；但相對的，也忽略了環境汙染、溫室氣體大量排出、侵害人權這類問題，再這樣下去，我們很難打造永續發展的社會，最終也必定付出慘痛的代價——如今的我們正面臨這樣的現實。

　　一如前述，企業不只承受了來自投資人或消費者的要求，政府也不斷強迫企業有所作為，例如菅首相在 2020 年 10 月提出的「2050 年之前要實現碳中和目標」就是其中一例。若將這些要求視為「壓力」，就代表企業還未擺脫舊資本主義。若能利用這些要求讓 ESG 進入經營模式之中，就能**一邊解決環境、社會、公司治理的各種問題，還能打造「永續發展的經濟」，而這就是所謂的「ESG 經營模式」**。反過來說，就算在 ESG 課題做出了許多貢獻，卻無法實現中長期的經濟成長，就代表尚未實踐 ESG 經營模式。

　　其實放眼全世界就會發現，日本企業真的在這部分落後許多，雖然進入 2020 年之後，「ESG」這個字眼的確在日本國內越來越耳熟能詳，但是早在 2006 年的時候，ESG 這個詞彙就已經因為 PRI（p.34）得到關注，對歐美企業來說，積極解決 ESG 課題早已是刻在經營模式之中的基因，**現在才向外宣傳「我們採用了 ESG 經營模式」根本是種落後**。

● 「ESG經營模式」的目標是解決ESG課題以及促進公司永續成長

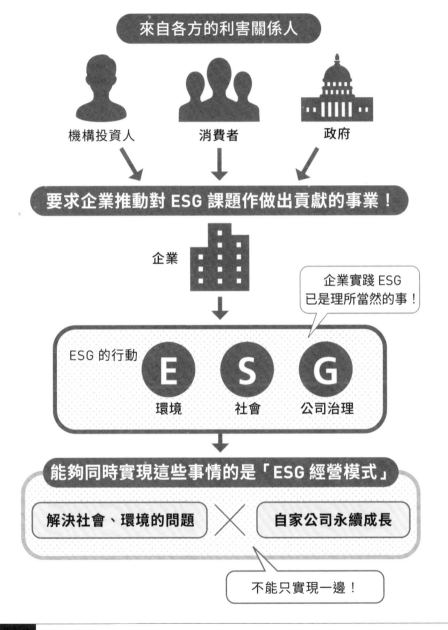

來自各方的利害關係人

機構投資人　　消費者　　政府

要求企業推動對 ESG 課題作做出貢獻的事業！

企業

企業實踐 ESG
已是理所當然的事！

ESG 的行動　E　S　G
環境　　社會　　公司治理

能夠同時實現這些事情的是「ESG 經營模式」

解決社會、環境的問題　✕　自家公司永續成長

不能只實現一邊！

總　結

☐ 「ESG經營模式」奠基於經濟持續成長
☐ 歐美的主要企業都已將「ESG經營模式」視為常態

積極採用ESG經營的
三大簡單易懂的好處

▶「ESG 經營模式」可創造永續發展的經濟

　　全球消費用品大型企業聯合利華（Unilever）在 2009 年保羅波曼（Paul Polman）就任 CEO 之後，就為了更重視長期戰略而取消每一季的利益報告，這是因為在追求短期利益之下，無法在未能立刻產生利潤的 ESG 課題做出貢獻。之後，聯合利華的業績亦不斷擴大，證明提出的方針沒有問題，證明保羅波曼眼光獨到，已早一步察覺 ESG 經營模式的優點。那麼，ESG 經營模式到底有哪些優點呢？

　　第一個優點是，讓解決 ESG 課題的行動成為事業的一部分，**能讓事業轉型為長期發展的模式**。比方說，聯合利華就為了擁有穩定的供應鏈而率先支援農家，打造適合女性工作的環境。此外，能夠解決環境問題或社會課題的事業，也**比較容易吸引優秀的人才**。實際著手解決發展中國家的飲水問題、公共衛生問題、糧食問題的聯合利華在世界各國的大學生眼中非常受歡迎，如果無法得到那些重視環保、社會問題的年輕人青睞，少子化日漸嚴重的日本早晚無法吸引優先的人才。

　　此外，積極揭露「非財務資訊（p.86）」，讓外部了解活動內容，也**能提高自家企業在投資人、客戶、顧客這些外部人士心中的評價**。若能成為 ESG 指數（p.44）的成分之一，股價也比較容易上漲，一旦被消費者視為值得信賴的企業，業績還有可能進一步上升，所以就這層意思來看，揭露非財務資訊可說是非常重要的一環。

● 聯合利華的營業額與營業利益的趨勢

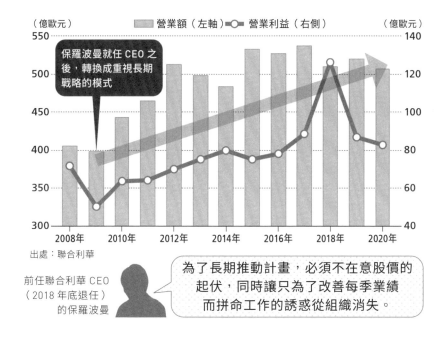

（億歐元）　　　□ 營業額（左軸）　●○● 營業利益（右側）　　　（億歐元）

保羅波曼就任 CEO 之後，轉換成重視長期戰略的模式

出處：聯合利華

前任聯合利華 CEO
（2018 年底退任）
的保羅波曼

為了長期推動計畫，必須不在意股價的起伏，同時讓只為了改善每季業績而拼命工作的誘惑從組織消失。

● ESG經營模式三大簡單易懂的優點

優點①	優點②	優點③
帶動創新	**吸引優秀的人才**	**提升外部風評**
能透過商品、服務對環境、社會課題做出貢獻，進而提升業績	讓外界了解公司積極參與 ESG 活動，藉此吸引優秀的人才	揭露非財務資訊，吸引資金以及誘發消費者的共鳴

實現永續發展的經濟

總　結	□ 全球企業之所以推行ESG經營模式是因為有許多好處 □ 揭露非財務資訊在ESG經營模式之中，是相當重要的一環

「三重基線」
這種概念的理想與現實

> ● 雖然是簡單易懂的理想，卻是不切實際的概念

在過去評價企業的表現時，都十分重視營業利益或是淨利這類財務資訊，而當非財務資訊開始受到重視，「三重基線」這種概念也油然而生。

所謂的「基線」是指記載於損益表的最下方的「淨收益（最終損益）」。除了這種經濟的最終損益之外，還會再**加上「環境」與「社會」的最終損益，藉此評價企業的方法就稱為「三重基線（TBL）」**。

簡單來說，減少溫室氣體的排放量就能增加環境方面的益處，男女在職場越是平等，就越能增加社會方面的益處。許多人都認為這種理念已經逐漸實現，但其實很難成為企業經營的一環。這是因為，經濟的損益是根據會計規則量化的結果，但是**環境與社會的損益卻缺乏量化的規則**。

不管企業在「環境」或「社會」創造了多少益處，只要「經濟方面的利益」持續減少就會無以為繼。就現況來看，沒有人知道一億日圓的經濟利益等於減少了多少溫室氣體，或是促進了多少男女平等程度，而就這層意思來看，**TBL 乍看之下是很簡單易懂的理念，卻是不夠成熟的概念**。

● 何謂「三重基線」？

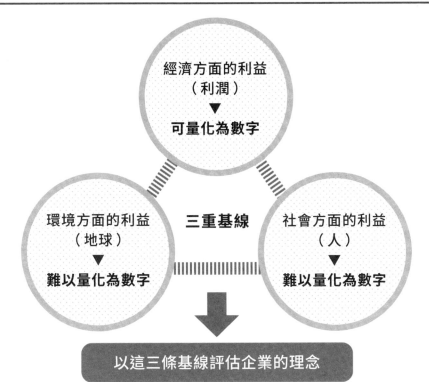

經濟方面的利益
（利潤）
▼
可量化為數字

三重基線

環境方面的利益
（地球）
▼
難以量化為數字

社會方面的利益
（人）
▼
難以量化為數字

以這三條基線評估企業的理念

● 「三重基線」的主要問題

問題①	難以量化「社會」與「環境」的利益
問題②	沒有「經濟利益」，企業就難以存活
問題③	很難全世界一起訂立相關的規則
問題④	認同者雖多，但也被認為是「不成熟的概念」

| 總 結 | □ 就現況而言，無法量化社會與環境方面的利益 |
| | □ 三重基線是簡單易懂的概念，卻是「不成熟的幻想」 |

企業致力於
揭露「非財務資訊」的理由

▶ 非財務信息披露也是向公司內部傳遞的信息！

　　企業揭露的資訊主要分成兩大類，一類是資產負債表、損益表、現金流量表這類財務報表上的「財務資訊」，另一類是除了這些資訊以外的「非財務資訊」。

　　上市企業在金融商品交易法或是公司法的規則之下，有義務揭露「有價證券報告表」，以及證券交易所規定的「每季營運報告」；但近年來，許多企業都透過年度報表、永續經營報表、綜合報表自動揭露各種非財務資訊。

　　「非財務資訊」雖然不像財務資訊那樣具有明確的定義，但卻包含右頁那些廣泛的資訊。此外，2020 年 9 月，**世界經濟論壇提出了「21 項核心指標」**，其中有許多值得企業在揭露非財務資訊時參考的內容。

　　近年來，企業之所以積極揭露非財務資訊，不只是因為在意機構投資人或消費者的想法。要揭露這類資訊就必須不斷地測量溫室氣體排放量、用水量、女性董事比例等，如此一來，就能思考「該怎麼做才能減少溫室氣體排放量」這類問題，也比較能知道該怎麼解決 ESG 課題，藉此透過創新，生產符合社會需求的新商品與服務。**揭露非財務資訊等於是促進內部改革的號角聲**，而且還能與其他公司形成差異，強化客戶與顧客的信賴，獲得優秀的人才與永續發展。

● 「非財務資訊」包含哪些資訊？

- 年度報表這類財務報表以外的資訊
- 永續發展報表揭露的環境與社會方面的資訊
- 公司治理資訊（內部報表、公司治理報表這類資訊）
- 經營理念與中期經營計畫這類經營方針的相關資訊
- 商業模式或經營戰略的相關資訊
- 無形資產（品牌、專利、人才）的相關資訊

● 世界經濟論壇要求揭露的「21項核心指標」

項目	主題	核心指標與揭露事項
公司治理的原則	企業的目的	① 設定目的
	統治機構的品質	② 建置治理機構
	與利害關係人的對話	③ 對利害關係人造成影響的重要事項
	符合倫理的行動	④ 避免貪汙⑤倫理方面的建議與通報制度的維護
	風險與機會	⑥ 將風險與機會整合至商業流程之中
地球	氣候變遷	⑦ 溫室氣體排放量⑧實施 TCFD 的建議
	自然資源的流失	⑨ 土地利用與環保意識
	可利用的淡水	⑩ 在水資源匱乏地區的用水量與取水量
人	尊嚴與平等	⑪ 多樣性與包容性⑫薪資的平等⑬薪資水準⑭兒童勞動、強迫勞動的風險
	健康與福利	⑮ 健康與安全
	為了未來準備的技能	⑯ 教育訓練
繁榮	工作機會與創造財富	⑰ 雇用機會與離職者的狀況⑱經濟貢獻⑲金融投資方面的貢獻
	生產更好的產品與服務	⑳ 研發經費總額
	社群與社會活力	㉑ 納稅總額

出處：世界經濟論壇「利害關係人資本主義的進度與測量」

總 結	☐ 近年來，揭露非財務資訊顯得越來越重要
	☐ 揭露非財務資訊也是推動內部改革的訊息

只想「漂白」的企業
將會付出慘痛代價

● 誠實地告知實情才能贏得信賴

　　在各界要求企業對 ESG 課題有所貢獻時，總是會有企業想要「漂綠」，矇混過關。英文的「white wash」有矇混過關的意思，而剛剛提到的漂綠則是將 white 換成「green（= 環保）」的新單字，指的是明明不是環境友善的產品、活動與事業，卻假裝自己符合環保的行為。此外，也有背地裡幹盡侵犯人權或是強制勞動的勾當，表面上卻假裝反對人權侵害的「漂藍」（blue wash）。

　　最近也開始發現「SDGs 漂白」這個詞彙。積極揭露 SDGs 的相關資訊，讓所有人都能取得相關資料固然重要，但**不能說謊，也不該誇大其辭，更不能遊走於灰色地帶**。如果被發現漂白，將被視為公司治理很糟糕的組織，也會失去利害關係人的信賴，有時候甚至會引起消費者的拒買行動。為了避免這類情況發生，可參考英國公司 Futerra 提出的「避免被視為漂綠企業的 10 個原則」。尤其近年來，NGO 或消費者都時時監控企業的實際情況，所以**最終還是誠實說明事實的企業才能贏得信賴**，還請大家不要忘記這點。

　　此外，企業若揭露出正確的資訊，投資人也能正確表示投資意願、真誠面對 ESG 問題的企業，所以就這層意義而言，誠實揭露正確的資訊的確非常重要。

● 避免被視為漂綠企業的10個原則

原則① 　**使用詞不達意的字眼**
使用意思不清不楚的詞彙。例：環境友善

原則② 　**明明是汙染環境的企業卻銷售綠色產品**
例：銷售在汙染河川的工廠所生產的長效燈泡

原則③ 　**使用具有暗示的圖**
使用沒有任何根據，卻暗示具有環保效果的圖例：
煙囪冒出的不是黑煙，是花朵

原則④ 　**提出不適合、與目標無關的主張**
明明其他的活動都不符合環保，卻刻意強調一小部
分的環保活動

原則⑤ 　**故意與更糟的企業比較，襯托自己比較符合環保**
在發現完全不管環保的同業時，故意大肆宣傳自己
做的少數環保活動，宣揚自己比其他企業來得好

原則⑥ 　**不具說服力的說詞**
只是將危險的商品漂綠，無法保證安全。例：
環境友善的香菸

原則⑦ 　**使用艱澀難懂的詞彙**
使用只有科學家才能夠確認與理解的詞彙或資訊

原則⑧ 　**捏造虛構的主張**
自行製造標籤，卻未得到第三方的承認

原則⑨ 　沒有證據

原則⑩ 　徹頭徹尾的謊言

出處：根據英國 Futerra 公司「The Greenwash Guide」製作

總 結	□ 說謊與漂綠的企業將付出慘重的代價
	□ 誠實揭露資訊的企業才能贏得信賴

日本企業不知道的
兩項「行為守則」

▶讓企業永續發展的兩項 「守則」

　　日本於 2014 年 2 月發表了日本版的「**盡職治理守則**（Stewardship code，以下簡稱 SS 守則）」，又在 2015 年 3 月發表了「**公司治理守則**（Corporate Governance Code，以下簡稱 CG 守則）。**中文將 Code 翻譯成「守則」**，而這兩項守則指的是機構投資人或企業主動遵守的軟法（p.68），簡單來說，就是企業透過解決 ESG 課題在中長期提升企業價值，同時維護我們的利益，讓日本經濟得以成長的守則。

　　SS 守則是身為管家（Steward）的機構投資人的守則。雖然 GPIF 或金融機關這類機構投資人投資了大筆資金，但說到底，這些資金都是由我們（個人、參加年金的人、保險人）拿出來的，所以機構投資人為了履行對我們的責任（創造報酬），就必須要求投資標的的企業解決 ESG 課題，採取永續發展的行動。

　　另一方面，**CG 守則是東京證券交易所與金融廳整理的守則，指的是上市企業的經營者為了中長期提升企業價值所需遵守的守則**。企業為了能夠中長期地創造報酬，必須與機構投資人以及站在機構投資人背後的出資者，也就是我們進行「建設性的對話」。CG 守則於 2015 年 3 月發表時，尚未提到 ESG 課題，但是到了 2018 年 6 月之後，再次發表經過修改的 CG 守則，也提到了各種應該揭露的「非財務資訊」，也就是與 ESG 有關的資訊。到了 2021 年之後，改版的 CG 守則又將 ESG 課題定位為董事會的責任。

● 「SS守則」與「CG守則」的概要

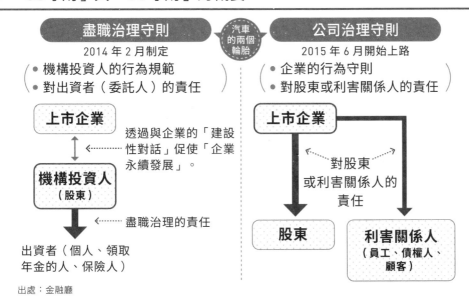

出處：金融廳

● 「SS守則」與「CG守則」的相關性

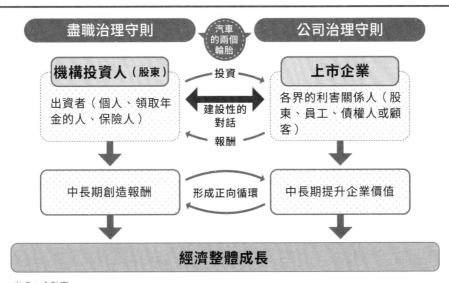

出處：金融廳

| 總　結 | □「盡職治理守則」是機構投資人的行為守則 |
| | □「公司治理守則」是企業的行為守則 |

日本交易所集團發表的
「ESG資訊揭露實踐指南」

▶ 揭露資訊的 「四個步驟」

2020 年 3 月，日本交易所集團（JPX）與東京證券交易所（TSE）發表了幫助上市企業自行揭露 ESG 資訊的「**ESG 資訊揭露實踐指南**」。在下列四大步驟之中，說明了上市企業考慮揭露 ESG 資訊之際的重點、相關的思維與程序（參考右頁）。

步驟 1 ESG 課題與 ESG 投資
步驟 2 企業的戰略與 ESG 課題的關係
步驟 3 監督與執行
步驟 4 揭露資訊與約定

步驟 1 簡單地說明了 ESG 的投資手法，以及投資公司根據 ESG 資訊評估企業價值的實例。步驟 2 則是實際解決 ESG 課題的前一個階段，主要說明了企業利用 GRI 準則（p.94）、SASB 準則（p.96）、TCFD 建議書（p.98）提及的資訊揭露規則指定重要課題（p.136）的重要性。至於步驟 3 則是該如何實際解決 ESG 課題的說明；步驟 4 則是說明透過哪些基準揭露資訊。

由於每個步驟都有值得參考的實例，所以**就算不是上市企業，中小企業也能在打算實踐 ESG 的時候參考這些內容**。還請大家務必詳讀一遍。

● 揭露ESG資訊的四個步驟

STEP.1 **ESG 課題與 ESG 投資**

1-1）了解 ESG 課題與 ESG 投資
- ESG 與企業價值
- ESG 課題
- 擴大 ESG 投資
- ESG 投資與投資人的受託者責任
- 各種投資人
- 來自投資人的 ESG 資訊揭露要求
- ESG 與公司治理守則
- ESG 課題與企業活動

STEP.2 **企業的戰略與 ESG 課題的關係**

2-1）思考對企業戰略的影響

2-2）指定重要課題
- ESG 資訊之中的重要課題
- 指定重要課題的意義
- 製作重要課題清單
- 評估 ESG 課題的重要度
- 將主要課題放入企業戰略

STEP.3 **監督與執行**

3-1）放入決策流程
- 組織高層的約定
- 公司治理

3-2）設定指標與目標植
- 設定指標
- 設定目標值
- 實施 PDCA

STEP.4 **揭露資訊與約定**

4-1）整理揭露的內容
- ESG 課題與企業價值的關係
- 投資人的資訊來源

4-2）利用現有的框架
- 揭露資訊的框架

4-3）提供資訊時的注意事項
- 揭露資訊的媒體
- 透過英語揭露資訊
- 對 ESG 資料的保證

4-4）與投資人的雙向約定
- 具有目的性的對話
- 因應各種約定

總　結　□ 「ESG資訊揭露實踐指南」是了解ESG資訊揭露步驟的指引

ESG資訊揭露規則①
「GRI準則」

● 於全世界普及的資訊揭露規則之一

以荷蘭首都阿姆斯特丹為根據地的國際 NPO 的 GRI（Global
Reporting Initiative）提出**「GRI 準則」，這個揭露非財務資訊標準流程
的指引**，其格式類似常見的財務報表，主要內容是針對所有利害關係人
（地區社群、交易對象、員工、投資人）報告對經濟、環境、社會造成
的正面影響、負面影響的報告標準（準則）。

全世界大型企業的前 250 間公司約有 75% 會在撰寫永續報告書或是
綜合報告書的時候使用這項準則，目前也是最全世界最為普及的非財務
報告的框架之一。

GRI 準則主要由「通用準則（100 系列）」與「特定主題準則（200、
300、400 系列）」組成。特定主題準則由「經濟（200 系列）」、「環
境（300 系列）」和「社會（400 系列）」組成。

GRI 準則為了推動報告的標準化，鉅細靡遺地制定了各種特定主題
的細節，所以整份文件的分量十分龐大。要想一窺 GRI 準則的綱要，建
議先翻開 GRI101，詳讀由「報告內容相關原則」與「報告品質相關原則」
組成的「10 個報告原則」（參考右頁下圖）。

GRI 準則常依照狀況修改，也由企業、投資人、NGO 組成制定準則
的委員會。

● GRI準則的整體概要

通用準則

 基礎 GRI 101
使用 GRI 準則的起點

 一般揭露 GRI 102
與組織有關的背景資訊與報告

 管理方針 GRI 103
與原料有關的管理方針與報告

特定主題準則

與特定主題有關的資訊與報告

 經濟 GRI 200系列

 環境 GRI 300系列

 社會 GRI 400系列

【包含的項目】
GRI201：經濟績效
GRI205：反貪腐
總共 7 個項目

【包含的項目】
GRI301：水與排水
GRI304：生物多樣性
總共 8 個項目

【包含的項目】
GRI401：勞雇關係
GRI409：強制勞動
總共 19 個項目

● 由GRI準則的「GRI101」所制定的10個報告原則

與報告內容有關的原則
- 利害關係人的包容性
- 永續性的脈絡
- 重大性
- 完整性

對報告品質有關的原則
- 正確性
- 可信性
- 可比較性
- 清晰性
- 均衡性
- 適時性

總 結　□ GRI準則是全世界最為普及的非財務資訊揭露框架之一

95

ESG資訊揭露規則②
「SASB準則」

▶ 要求企業指定重要課題，揭露量化資訊的SASB

SASB（永續會計準則委員會）是 2011 年，由會計專家設立的美國非營利組織，主要的任務是設定揭露 ESG 相關資訊的準則。

由 SASB 制定的「SASB 準則」，是 ESG 資訊揭露全球準則之一。

2020 年 1 月，全世界規模最大的美國資產管理公司貝萊德的 CEO 賴瑞芬克（Larry Fink）曾透過書信要求全世界的企業「遵循 SASB 準則揭露相關資訊」，日本也因此開始關注 SASB 準則。

SASB 準則主要是針對投資人揭露資訊的準則。「SASB 重大性地圖索引」（參考 p.2）將所有產業分成 11 項（「消費品」項目底下還分成「服飾、電子產品、日用品」這類業種，總共分成了 77 個業種），也說明了這些產業該設定在右頁的五大面向、26 項議題的哪些重要課題中。許多企業已參考這個重大性地圖索引，設定了**與未來的業績、財務會造成重大影響的「重要課題」，再盡可能地揭露量化資訊**。比方說，「消費品」項目的「服飾、電子產品、日用品」的業種就認為揭露「商業模式＆創新」領域的「供應鏈管理」項目的相關資訊較為重要。

日本的 TOYOTA 汽車、日立製作所、麒麟集團控股也都遵循 SASB 準則，揭露相關的資訊。

● SASB準則的五大面向與26項議題所含的重要課題

環境
- 溫室氣體排放量
- 空氣品質
- 能源管理
- 水資源及廢水處理
- 廢棄物及有害物質管理
- 對生物多樣性的影響

社會資源
- 人權與社區關係
- 客戶隱私
- 資訊安全
- 產品品質及安全
- 客戶權益
- 銷售模式和產品標示

領導及公司治理
- 商業道德
- 競業行為
- 法規遵循
- 重大事件風險管理
- 風險管理系統

商業模式 & 創新
- 產品設計與生命週期管理
- 商業模式靈活度
- 供應鏈管理
- 材料採購與效率
- 氣候變化的實質影響

人力資源
- 勞工法規
- 員工健康與安全
- 員工忠誠度、多元性與包容性

出處：SASB

總 結　□ SASB準則屬於資訊揭露規則之一，可作為企業指定ESG重要課題時的參考

ESG資訊揭露規則③
「TCFD建議書」

▶專為氣候變遷議題設計的資訊揭露準則

2015 年 12 月，與氣候變遷問題有關的國際架構「巴黎氣候協定」通過後，金融業界的投資人便認為必須建立相關的資訊揭露框架，以便正確地評估企業在氣候變遷這一塊的風險與機會。

2017 年 6 月，各國的央行總裁與財政大臣組成了金融穩定委員會（FSB），由民間主導的工作小組 **TCFD（氣候相關財務揭露工作小組）也發表了「TCFD 建議書」**。這份建議書的目的是**要求企業提出具有一致性、可信性、明確性、效率性的氣候相關財務資訊，以便投資人做出適當的投資判斷。**

TCFD 建議書建議企業掌握氣候變遷的「風險」與「機會」，了解這些風險與機會將對自家的事業造成哪些影響，也建議透過右頁各項目共通指引，揭露「治理」、「策略」、「風險管理」與「指標和目標」這四大核心要素的資訊。

附錄也根據氣候變遷的潛在影響，針對四個金融項目（銀行、保險公司、資產家、資產管理者）與四個非金融項目（能源、運輸、原料・建築物、農業・糧食・木業產品）製作了補充指引，藉此補充各項目共通指引的不足之處。

2021 年 4 月 26 日，認同 TCFD 的企業與機構在全世界有 2,038 處，其中有 377 處為日本的企業與機構。由此可知，日本是企業參與度最高的國家，參與的企業數量多於英國（322）與美國（302）。

● 「TCFD建議書」各項目共同的建議

治理	策略	風險管理	指標與目標
揭露氣候變遷的風險、機會與公司治理之間的關係	揭露氣候變遷的風險、機會將對事業、策略、財務計畫造成當下與潛在的影響	揭露公司如何鎖定、評估與管理氣候相關的風險	揭露公司評估與管理氣候變遷的風險、機會所使用的指標與目標

建議揭露的內容			
①說明董事會監控氣候變遷的風險與機會的體制	①說明特定的短期、中期、長期的氣候變遷的風險與機會	①說明指定與評估氣候變遷的風險流程	①揭露根據自身的策略與風險管理流程，評估氣候變遷的風險與機會之際所使用的指標
②說明經營者在評估與管理氣候變遷的風險與機會所扮演的角色	②說明氣候變遷的風險與機會對於事業、策略與財務計畫造成的影響	②說明管理氣候變遷的風險流程	②說明範疇1、2、3的溫室氣體排放量與相關的風險
	③說明公司如何面對氣候下降2℃甚至更多時的策略，以及策略的韌性	③說明指定、評估、管理氣候變遷的風險流程如何整理至整體風險管理體制	③揭露用於管理氣候變遷的風險、機會的目標以及目標的達成度

出處：TCFD

總　結

☐ TCFD是敦請企業揭露氣候相關資訊的框架

☐ 在認同TCFD的企業與機構的數量方面，日本為全世界最高的國家

統整各種非財務報告的準則
已著手制定

▶ 過多的揭露準則令企業陷入混亂

　　到目前為止，總共說明了三個資訊揭露準則，但其實資訊揭露準則不只三個。隨著非財務報告越來越重要，許多團體也都設定了報告準則，**導致各種報告準則充斥，讓負責揭露資訊的企業陷入混亂**。

　　其實非財務報告的範圍比財務報告更加廣泛，所以很難界定，也很難訂立準則。由於目前有許多種準則，讓企業不知道該遵循哪一種才是正確的。

　　有鑑於此，GRI（p.94）、SASB（p.96）、CDP、CDSB（氣候揭露標準委員會）、IIRC（國際整合報告書代表會）這五個準則設定團體於2020年9月宣布，要建立**如財務報表那種能輕易比較各界利害關係人的國際統一準則**，以消弭各團體在指定揭露資訊之際的差異。

　　消弭差異性的策略之一就是與制定國際會計準則的 IFRS 財團及國際證券管理機構組織 IOCSO 合作，制定報告的準則。儘管如此，ESG 報告的領域還是日以繼夜地進化。

　　企業為了能夠迅速因應準則的修改，必須一邊整理揭露資訊的意義，以及發表 ESG 資訊的目的，一邊注意資訊揭露準則的最新資訊。

● 邁向統整資訊揭露準則的方向

採用主體：所有企業

GRI Global Reporting Initiative

揭露準則：GRI 準則
任務：顧慮各種重要事項，輔導企業報告對 ESG 造成的影響

採用主體：上市公司

SASB 永續會計準則委員會

揭露準則：SASB 準則
任務：敦請企業對證券交易所提出重要的永續發展資訊

採用主體：企業、地方政府

CDP 舊稱為碳揭露專案

揭露準則：CDP 評鑑報告、指南
任務：掌握溫室氣體排放量、水、森林、供應鏈的相關資訊

於 2021 年中期整合

採用主體：上市企業

IIRC 國際整合報告書代表會

揭露基準：國際整合報告框架
任務：制定企業製作「整合報告書」所需的指導原則與內容要素

採用主體：上市企業

CDSB 氣候揭露標準委員會

揭露基準：CDSB 框架
任務：敦請主要企業在財務報告揭露與氣候變遷有關的資訊

揭露 ESG 相關資訊的準則正不斷地進化。

若不時時注意最新資訊，將會被淘汰！

總　結

□ 目前有許多與ESG有關的資訊揭露準則
□ 整合各種資訊揭露準則的運動已經開始

一起了解 Z 控股公司的 ESG資料集

● 積極揭露資訊能提升企業本身的可信度

　　如今上市企業尤其需要進一步揭露 ESG 的相關資訊，所以讓我們一起看看實際揭露了哪些資訊。

　　在此作為參考的是以軟體銀行集團為母公司，旗下有雅虎與 LINE 的 Z 控股公司。在日本的上市企業之中，Z 控股公司非常積極揭露 ESG 資料，點選該公司官網的「永續發展」→「ESG 資料集」，就能看到相關的資料。該頁面將資料分成「環境」、「社會」、「公司治理」，再列出進一步的資訊。

　　以「環境」項目為例，包含了「CO_2 總排放量」、「廢棄物回收率」的資料；至於在「社會」項目的部分，則包含了「管理職女性比例」、「育嬰假取得率」、「身障者雇用率」；至於「公司治理」項目則公布了「內部舉報件數」、「政治獻金」這類資料。

　　越來越多企業向內部與外部宣傳 ESG 經營模式，但就現況而言，很少企業能像 Z 控股公司這樣揭露鉅細遺靡的 ESG 指標。該公司透過**積極揭露資訊，讓公司外部知道他們面對 ESG 的態度，也讓內部繃緊神經，認真地處理 ESG 問題**。

　　揭露資訊不僅得耗費成本蒐集資料，還耗費不少時間，但即使如此也要揭露資訊，是因為**企業覺得下定決心揭露 ESG 資訊，才有機會創造高於這類成本的長期利益**。

● Z控股公司的「ESG資料集（2019年度）」（摘要）

環境				
資料項目	2017年度	2018年度	2019 年度	
				範圍 *
總 CO_2（範疇 1+2）排放量（$t\text{-}CO_2$）	106,371 (83,865)	101,314 (81,226)	118,345 (90,276)	93.4%
範疇 1	3,060	3,614	4,203	93.4%
範疇 2	103,308	97,593	114,142	93.4%
範疇 3	—	1,339,004	1,338,755	80.3%
再生能源比例（%）	7.00%	7.90%	12.31%	83.7%
水消費量（m^3）	326,546	339,829	577,406	92.0%
生物多樣性維護投資額	470萬日圓	800萬日圓	1,035萬日圓	42.5%

社會					
資料項目		2017年度	2018年度	2019 年度	
					範圍 *
女性管理職人數：女性占整體的比例	女性	14.40%	16.50%	18.90%	99.0%
身障者雇用率	整體	2.11%	2.17%	2.40%	—
育嬰假取得率	男性	17.80%	16.30%	20.30%	99.0%
	女性	99%	99%	99.30%	99.0%
	復職率	96.10%	99.20%	95.10%	—
看護休假申請人數	整體	70人	90人	113人	—
特休取得率	整體	81.90%	77.80%	75.60%	99.0%

公司治理			
資料項目	2018年度	2019 年度	
			範圍 *
內部舉報件數	76件	87件	97.0%
政治獻金	233萬日圓	223萬日圓	—

* 「環境」、「公司治理」的範圍是根據 Z 控股公司旗下各公司的業績收益比例算出。「社會」範圍的「──」的項目是雅虎公司的資料。

* 括號內的數值是包含雅虎的設施（包含資料中心）以及在同一地點設立據點的旗下公司的值。

出處：Z 控股公司官網

總　結	□ 揭露ESG資訊能促使公司內部面對ESG問題
	□ 揭露資訊可向公司外部宣傳面對ESG的決心

越來越多企業根據ESG
決定董事報酬的原因

▶ 為了採取行動而讓董事的報酬與ESG連動

　　美國有超過一半以上的主要企業在董事報酬制度中引進了「ESG目標達成度」這項評估標準。以美國的星巴克（p.156）為例，從2021年開始就要求讓有色人種在製造部門、零售部門的員工比例超過40%，並以這個目標的達成度決定董事報酬的多寡。

　　企業之所以讓董事的報酬與ESG評估結果連動，是因為在股東要求經營者對ESG課題做出貢獻的前提下，企業以此表示認真面對ESG課題的決心。

　　一直以來，機構投資人這類股東都要求企業經營者創造短期利益，但是時代的潮流已然轉變，如今非財務方面的成果也被作為中長期的經營績效看待，機構投資人甚至強烈要求企業面對ESG課題，如今已是僅為了創造短期利潤而大量排放溫室氣體與忽略顧客的滿意度，無法得好評的時代。

　　日本企業雖然比歐美企業晚出發，但是重視ESG的企業越來越多，也有不少企業除了只達成財務方面的目標，更**根據溫室氣體排放量減少程度、顧客滿意度上升程度這類非財務方面的目標達成度，決定董事的報酬**。比方說，7&I控股公司就於2021年2月引進了根據溫室氣體減少量來決定董事報酬的制度，也訂立了「2050年溫室氣體排放量實質歸零」這個長期目標。由此可知，像這樣調整董事報酬制度才有機會促成長期目標。

● 根據ESG達成度調整報酬的主要企業

	企業名稱	內容
日本	7&I 控股公司	從 2021 年 2 月開始，根據溫室氣體排放量減少程度決定董事報酬
	ENEOS 控股公司	引進根據溫室氣體排放量減少程度決定董事報酬的制度
	日立製作所	從 2021 年 4 月開始，引進根據溫室氣體排放量減少程度決定董事報酬的制度
	花王	根據是否被美國道德村協會（Ethisphere Institute）選為「全球最具道德企業」來決定董事的報酬
	ANA 控股公司	引進根據顧客滿意度、員工滿意度決定董事獎金的制度
美國	雪佛龍股份有限公司	根據溫室氣體排放量減少程度決定董事以及所有員工的報酬
	星巴克	從 2021 年開始，提出有色人種占整體員工 40% 以上的目標，並且根據這個目標的進度決定董事的報酬
	蘋果公司	根據對於社會與環境的貢獻，於上下 10% 的範圍之內調整 2021 年董事的獎金
歐洲	達能集團	根據員工待遇與環保策略的進度決定 20% 的報酬
	殼牌石油公司	以溫室氣體排放量的減少程度決定董事報酬
	聯合利華	以營養改善、廢棄物減少程度、女性活躍度這類 ESG 指標決定董事報酬

出處：各界報導

總 結
- 越來越多企業以ESG目標的達成度決定董事的報酬
- 經營團隊以調整董事報酬的方式，致力於ESG課題

少了「數位轉型」就無法實現「ESG經營模式」

▶「引進數位技術不等於數位轉型」

簡單來說，最近成為熱門話題的「DX（數位轉型）」就是「透過數位技術改造商業模式、業務流程、企業文化，讓業績成長」的意思。乍看之下，「DX」與「ESG」似乎八竿子打不著，但其實**DX是ESG經營模式能否成功的關鍵。**

在ESG經營模式中扮演重要角色的「非財務資訊」與制式的「財務資訊」不同，無法輕易地量化為具體的數據。比方說，當我們設定了「100%回收廢棄塑膠」這個目標，該怎麼掌握這個目標的進度呢？我們必須從物流端，蒐集與分析相關的資訊，才能得到具體的數據，否則無法掌握現況，也無法揭露相關資訊。如果能夠透過數位技術即時掌握現況，就能以最快的速度揭露資訊，也能贏得利害關係人的信賴，此外，還能透過這些資訊進一步做出正確的經營決策，早一步開發新商品與服務，更能提升作業效率與降低成本。換言之，沒有DX，恐怕無法解決環境與社會的問題。

在新冠疫情這股來自外部的壓力之下，日本的數位化以及隨之而來的業務效率化的確變快了，但是像歐美那種讓ESG與DX相輔相成的企業仍在少數。只是單單引入先進的數位技術不等於數位轉型，**必須在引進數位技術之後，打造擺脫窠臼，解決ESG課題的組織才是真正重要的改革。**

● DX（數位轉型）是什麼？

DX
Digital transformation
數位轉型

利用數位技術改革商業模式、業務流程與企業文化，

鞏固企業的優勢。

與提升業務效率的「IT化」不同！

● DX與ESG都是讓企業進行大幅改造的契機

DX ╳ ESG

除了能提升業務的效率，	是否滿足社會的需求，
還能改造商業模式、	該揭露哪些資訊？
業務流程與企業文化，	又該如何與利害關係人
讓企業擁有不同的目標！	建立良好的關係？
	企業的目標會有所改變

來自 DX 與 ESG 的變化能改造企業，
讓企業永續發展！

總　結

☐ 數位轉型能透過數位技術改造組織
☐ DX與ESG都是讓企業大幅改造的契機

日本也無法忽略的「歐洲綠色政綱」

2019 年 12 月，於比利時出生的烏蘇拉格特魯德馮德萊恩成為歐盟執委會（EC）的第一位女性主席長。由該主席定位為重要政策的歐盟新成長戰略「歐洲綠色政綱」在正式啟動之前就備受矚目，這項綠色政綱的目標是在 2050 年之前，達到讓 CO_2 與其他人為排放的溫室氣體實質歸零的「碳中和」。

2020 年 1 月 14 日，歐盟發表了「永續發展的歐洲投資計畫」，預計在十年之內往這個計畫投入 1 兆歐元（約 33 兆新臺幣），藉此讓離岸風力發電的規模在 2050 年之前增加至 2020 年的 25 倍，也就是 300GW 的規模；同時要增加電動汽車（EV）專用的電池產量，推廣電動車快充站這類公共充電設備，以及推動建築物節約能源計畫。

這項綠色政綱除了與環保有關，還是改造歐洲的經濟與社會結構的戰略。由於歐盟在數位領域落後於美國與中國，所以希望透過這項計畫能在「環保領域」重返霸主地位，還希望能讓經濟在後新冠疫情時代復甦。

歐洲設定的規範與規則對全球市場具有相當的影響力，而這股影響力也因為歐盟將總部設在比利時的布魯塞爾，所以被稱為「布魯塞爾效應」。歐盟想透過這個布魯塞爾效應在環保領域制敵機先，掌握制定規則的主導權，因此，無法置身事外的日本也更應該觀察歐盟接下來的動向。

Part

5

得到消費者的支持，
就等於擁有強大的盟友！
要推動 ESG 就要讓「消費者」
一同參與計畫

什麼是考慮環保或社會環境的「良知消費」？

> ● 消費者已習慣以「良心」選擇企業

　　我們購買的所有商品或是服務，都一定是由某個人製造，但一直以來，我們這些消費者卻不太關心這些商品或服務的來源；但近年來，越來越多消費者在意兒童勞動或是環境破壞這些藏在商品或服務背後的問題，也「拒買」這些商品與服務。這種**在意環境、人權與社會，積極選擇理想的商品或服務的消費行為就稱為「良知消費」**，也有人將這種行為稱為「用購物投票」。消費者除了從「道德」的角度選擇適當的商品、服務與企業之外，有時候還會透過拒買運動（p.116）明確地投下反對票。這種良知消費可說是消費者典型的 ESG 行動。

　　如果越來越多消費者在意商品或服務對環境與社會造成的影響，就有可能促成企業改革，整個社會也能變得更豐富以及朝永續發展才對。此外，當消費者不再選擇那些有違道德的商品，視環境與人權如無物的企業就會自然而然地被淘汰。

　　目前有越來越多標榜「良知」或「道德」的認證制度出現，讓消費者能夠一眼分辨哪些是符合道德的商品或服務。比方說，永續水產品驗證標準之一的「MSC 認證」或是符合森林保護或人權保護標準的棕櫚油才能得到的「RSPO 認證」都是其中之一。

● 「良知消費」包含哪些消費行為呢？

選擇有認證標籤的商品
● MSC 認證
購買保護海洋自然環境與水資源的海鮮

**環境
影響**

選擇將部分營收捐出去的商品
積極購買將部分營收捐出去的商品

選擇環保商品
購買以回收材質製造的商品或是具有資源保護認證的商品

**生物多樣性
影響**

● RSPO 認證
選擇以具有環保與永續發展概念的棕櫚油製作的商品（例如清潔劑）

**社會
影響**

選擇公平交易的商品
使用以合理價格向發展中國家持續採購原料或產品的商品

**地區
影響**

**勞工
影響**

購買在地產品
透過地產地消的方式促進地區活力，對減少運輸消耗的能量做出貢獻

不使用透過強制勞動方式生產的商品
不購買與強制勞動有關的企業所生產的商品，藉此向強制勞動提出抗議

出處：根據日本消費者廳的資料製作

總 結	□ 考慮對環境或社會造成哪些影響的消費行為稱為「良知消費」
	□ 消費者越來越在意消費行為是否符合道德

一起了解目前全世界的
「良知消費市場」

> ◉ 歐美的消費者在生態化的消費形態上有所進步

良知消費的型態之一就是「公平交易」，這是為了提升生產者收入，推動公平貿易與交易的概念。

Fairtrade International 發表的報告指出，2017 年的日本公平交易零售額為 9,369 萬歐元（約 31.5 億新臺幣），而在公平交易趨勢高漲的歐洲，特別在乎公平交易的瑞士則為 6 億 3,058 萬歐元（約 212 億新臺幣）。若換算成人均銷售額，日本只有 0.74 歐元（約 24.9 新臺幣），瑞士則高達 74.90 歐元（約 2,520 新臺幣），兩者的差距大概為 100 倍。

歐美的消費者喜歡公平交易的商品，因此企業為了得到消費者的青睞，都會積極實踐公平交易的理念，也形成了正向循環。另一方面，公平交易這個概念在日本尚未普及，消費者也不太在意商品是否為公平交易的商品，所以還沒形成要求企業實踐公平交易理念的風潮。

然而，有越來越多日本企業因為國內市場縮小而打算在外國尋找生路，但是要注意的是，如果只以日本國內的方式做生意，有時候會被歐美的消費者認為是「不符合道德」的方式。此外，SDGs 的概念已在日本慢慢普及，越來越多消費者與歐美的消費者一樣，都有「良知消費」的概念，不再覺得「因為是外國，所以不用太計較」，而是對世界的潮流更加敏感。

● 各國公平交易零售額（2017年）

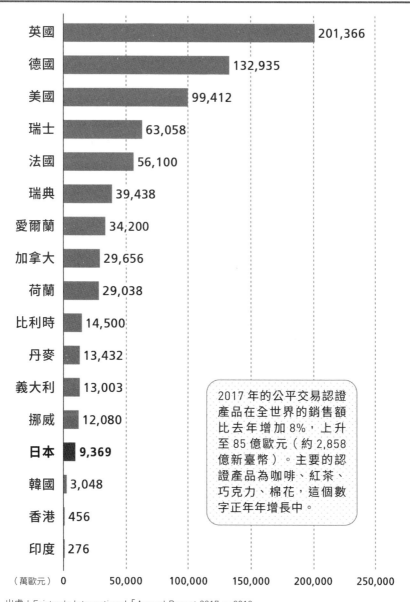

英國	201,366
德國	132,935
美國	99,412
瑞士	63,058
法國	56,100
瑞典	39,438
愛爾蘭	34,200
加拿大	29,656
荷蘭	29,038
比利時	14,500
丹麥	13,432
義大利	13,003
挪威	12,080
日本	**9,369**
韓國	3,048
香港	456
印度	276

（萬歐元） 0　　50,000　　100,000　　150,000　　200,000　　250,000

> 2017 年的公平交易認證產品在全世界的銷售額比去年增加 8%，上升至 85 億歐元（約 2,858 億新臺幣）。主要的認證產品為咖啡、紅茶、巧克力、棉花，這個數字正年年增長中。

出處：Fairtrade International「Annual Report 2017 ～ 2018」

總　結
- ☐ 日本的公平交易規模小於歐美
- ☐ 在歐美，日本的交易方式可能會被認為是「不符合道德」的方式

了解在歐洲逐漸成為常態的
「良知消費」的現況

◉ 歐洲消費者實踐的各種 「良知消費」

剛剛已經說過，在歐洲，「良知消費」已經得到了公民權，**尤其消費者在意的是對「自然環境」、「動物」與「人」的行為是否合乎倫理。**

比方說，日本從 2020 年 7 月才跟上塑膠袋付費的風潮，但是歐盟早在 2018 年就決定從 2021 年開始，禁止 10 種用完即丟的塑膠產品。早在 2014 年的時候，德國就已經出現以「零廢棄物」為主要概念的超市，希望消費者自己帶著容器來到超市，購買秤量銷售的飲料或是清潔劑，有不少企業都像這樣，比政府更早採取行動。

「愛護動物」的活動也越來越活絡。比方說，歐美有越來越多的國家認為，對鵝鴨強制灌食，讓牠們的肝臟越來越肥大的過程太過殘酷，所以禁止以這種灌食方式生產鵝肝或是鴨肝。此外，家畜打嗝的氣體會產生大量的溫室氣體，也會消耗大量的穀物與水資源，所以越來越多人為了避免因為吃肉造成環境負擔而選擇成為素食者（vegetarian）或是純素者（vegan），如今提供素食菜色的餐廳或是咖啡廳已相當常見。

除此之外，歐美原有許多日本人還不太熟悉的詞彙，例如無塑（plastic free）、可生物降解（biodegradable）、零殘忍（cruelty-free）、二手（preloved），但如今這些詞彙已慢慢進入日本人的生活，要求「良知消費」的日本消費者也越來越多，滿足這類需求的企業也逐漸增加中。

● 於歐美消費者之間普及的良知關鍵字

無塑（Plastic Free）
不使用塑膠製品的意思。每年七月都會舉辦「無塑七月」這項環保運動，2020 年約有 3 億 2,600 萬人參加。
例：需自行攜帶容器的「秤量銷售商店」

可生物降解（Biodegradable）
「可生物降解」指的是可透過微生物、菌類、細菌分解，回歸大地的塑膠製品。
例：使用可生物降解的素材製造的容器

可堆肥（Compostable）
「可堆肥」就是透過微生物分解與發酵的「生物降解」，但兩者在堆肥這點上不同。
例：使用植物製造的不織布口罩

零殘忍（Cruelty-free）
「零殘忍」的意思是未含動物成分的產品。此外，在確認是否對人體安全或有效的開發階段不使用動物進行實驗的產品。
例：零殘忍化妝品

道德時尚（Ethical Fashion）
指的是重視服飾業界勞工的「人權與環保問題的時尚」。
例：不使用動物皮毛的人工皮毛

純素者（Vegan）
完全不吃肉類、魚類、雞蛋、乳製品這類動物性食品的人。
例：尊重動物生命的「道德純素主義」

舊愛（Pre-loved）
指的是「前一位使用者重視的二手商品」，也就是二手服飾這類中古商品。在歐洲，這是永續時尚的關鍵字之一。
例：舊愛的牛仔褲

升級改造（Upcycling）
與回收或再次使用的概念不同，是活用廢棄物原本的特徵，將之做成新產品，產生附加價值的意思。
例：利用廢棄輪胎製成的包包

| 總 結 | ☐ 歐美的消費者重視「自然環境」、「動物」、「人」 |
| | ☐ 產生了許多與道德相關的詞彙 |

消費者擁有
「拒買運動」這項武器

▶ 一直以來，消費者都透過拒買運動批判企業

　　近年來，消費者越來越在意企業面對 ESG 課題的態度，甚至往下追溯到原料商或是其他的供應鏈廠商，在這個背景之下，有時候會引發企業無法忽視的問題。

　　在 2010 年的時候，國際環保團體綠色和平對全世界規模最大的食品飲料公司雀巢發起拒買運動。這是因為該公司的主力商品「奇巧巧克力」（KitKat）的原料為棕櫚油，而提供這項原料的印尼企業為了大規模種植產出棕櫚油的油棕，不斷地砍伐熱帶雨林，破壞了紅毛猩猩的棲息地與生態。

　　雀巢停止向印尼企業採購原料，也與國際 NGO 森林信託（The Forest Trust，TFT）締結夥伴關係，一起製作了「棕櫚油調永續採購指南」，保證所有採購的棕櫚油都經過「棕櫚油永續發展圓桌組織（RSPO）」的認證。

　　NIKE 也曾因為外包廠商強迫兒童工作而觸犯了人權問題，同樣遭受消費者拒買。這些企業若是爆發了與 ESG 有關的醜聞，消費者當然會離棄這些企業，而**如今已是要求企業與供應鏈上游從環境、人權、公司治理的角度管理公司的時代**。如果企業做不到這點，消費者就會以最強的武器「拒買運動」要求企業採取正確的行動。

● 消費者實際發動的拒買運動

發生年代	目標企業	ESG 分類	內容
1977 年	雀巢	社會 公司治理	雀巢的嬰兒奶粉製造商鼓勵以人工乳哺育嬰兒。不過，母親與嬰兒卻因此發生了各種問題，引起許多人抗議這種嬰幼兒商品銷售策略，相關的拒買行動也於全世界普及。直到現在，都還有人持續拒買。
1977 年	NIKE	社會	「CBS」、「The New York Times」踢爆 NIKE 的印尼工廠與越南工廠讓勞工在低薪、惡劣的環境中長時間工作，或是強迫兒童勞動的事實後，相關的拒買運動便於全世界爆發，也讓 NIKE 在接下來的五年內損失了 1.4 兆日圓（約 2,792 億新臺幣）以上的業績。
2000 年	雪印乳業	公司治理	該公司的工廠停電後，於高溫環境放置的脫脂奶粉原料產生了毒素，而當這些原料流入市面，便造成了集體中毒事件。受害者多達 1 萬 3,420 人。由於該公司的因應方式不當，消費者紛紛離棄雪印，使公司陷入存亡危機。
2001 年	雪印食品	公司治理	客戶透過內部舉報的方式踢爆該公司偽造日本牛肉產地，以及詐領補助的事實後，促使該公司快速失去社會大眾的信任，也被消費者杯葛，最終於 2002 年 4 月停業。
2008 年	和民	公司治理	員工因為過勞而自殺後，創業者的發言以及公司的處理方式都讓公司進一步遭受社會大眾批判。集團旗下企業也接連爆發醜聞，導致消費者越來越不信任該公司，業績也一落千丈。
2010 年	雀巢	環境	該公司主力商品「奇巧巧克力」的原料為棕櫚油，但為了取得棕櫚油，外包廠商不斷破壞熱帶雨林，藉此種植產出棕櫚油的油棕。這舉遭受環保團體綠色和平的批判，也演變成拒買運動。
2018 年	Burberry	環境	當人們從 Burberry 2018 年報表發現他們燒毀了價錢約 3,700 萬美元（約 11.8 億新臺幣）的新品服飾或首飾之後，引發了環保團體以及在意環境的消費者不滿，也引爆了拒買運動。

總 結	□ 消費者會對不道德的企業發起「拒買運動」 □ 企業漸漸地需要注意整體供應鏈是否合乎道德

Z 世代、千禧世代的
「道德感」極高

● 年輕世代認為 「犧牲現在就沒有未來」

千禧世代（於 1981 年～ 96 年生）、Z 世代（於 1997 年～ 2012 年生）與過去在大量消費時代成長的世代有著不同的特徵，例如他們非常在意公平交易、地產地消、有機這類「良知消費」。比起犧牲個人與社群，換得豐富的生活，這些年輕世代對於「讓社會正向發展」這件事更有共鳴。

這些屬於數位原生世代的人常透過網路與社群媒體互相交流；而 Z 世代的意見領袖，例如於瑞典出生的氣候活動家格蕾塔童貝里都認為，自己的行動足以影響社會，所以會採取行動，甚至對上一個世代造成影響。

在「失落的三十年」這種通貨緊縮經濟下成長的**日本千禧世代與 Z 世代也越來越重視永續發展以及道德，越來越多人認為「犧牲現在就沒有未來」**。在新冠疫情爆發後，這種傾向似乎越來越鮮明。

在美國這邊，千禧世代比 X 世代（在 1960 年代～ 1970 年代出生的人）更想保有 ESG 相關資產，或是對此更感興趣（右頁下圖），就連投資也帶有所謂的道德感。他們喜歡與 ESG 有關的投資，而他們也即將成為社會的中流砥柱，所以企業為了拉攏這些未來的消費者或是投資人，也必須強化對 ESG 的因應與措施。

● 日本各世代對於「良知消費」的認知度

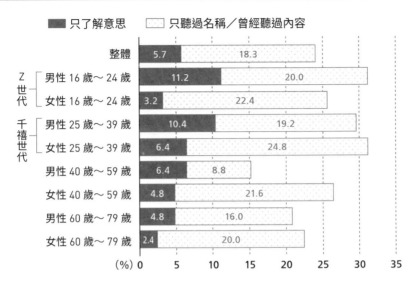

出處：根據電通「良知消費 認知調查 2020」繪製

● 美國各世代對於ESG相關資產的喜好度

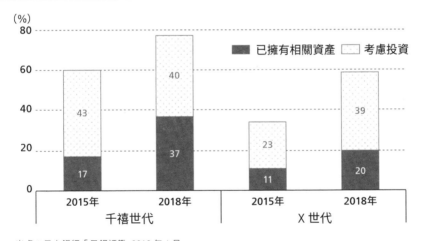

出處：日本銀行「日銀評鑑 2019 年 6 月」

總 結	□ 年輕世代強烈希望社會變得更好
	□ 年輕世代在投資時，也偏好與ESG相關的投資

企業知道自己
時時受到消費者監控

> ● 消費者不僅在意企業的醜聞，也在意企業的正面新聞

消費者越來越關心藏在商品或服務背後的環境問題或人權問題，也要求企業率先追求環境與人權。p.116 介紹的拒買運動就是消費者透過「監視的雙眼」導正企業的行動，促使世界變好的力量。

消費者國際組織（CI：Consumers International）提出了八個「消費者的權利」與五個「消費者的責任」，而企業也必須真誠地面對消費者這些權利與責任。如果企業不顧「消費者的權利」，消費者就要負起身為「消費者的責任」，且採取相關的行動。尤其近年來，消費者的道德感不斷高漲，社群媒體亦普及，拒買運動一下子延燒成國際事件的例子也所在多有。

「監視企業」這句話聽起來似乎藏著敵意，但反之消費者也仔細觀察企業那些符合道德良知的行動。認真面對 ESG 課題等於回應消費者想要的「良知消費」，**如果能吸引更多對符合道德的商品或服務有好感的消費者，企業也能得到相當大的助力才對。**

日本消費者廳於 2020 年 2 月發表的「良知消費的消費者意識調查報告表」指出，在問到「提供符合道德的商品或服務，是否有助於提升企業形象」時，79.6% 的消費者都會回答「的確如此」。

◉ 消費者國際組織提倡的「消費者的權利」與「消費者的責任」

● 八種「消費者的權利」	● 五種「消費者的責任」
①產品及服務能滿足生活基本需求的權利	①對商品或價格的資訊產生疑問與關注的責任
②產品及服務符合安全標準的權利	②提出主張與採取行動，實現公平交易的責任
③消費者被告知正確資訊的權利	③知道自己的消費行為會對社會（尤其是對弱勢族群）造成影響的責任
④消費時有選擇的權利	④知道自己的消費行為會對環境造成影響的責任
⑤有反應意見的權利	⑤身為消費者互相團結合作的責任
⑥有得到補償的權利	
⑦有接受消費者教育的權利	
⑧能在健康的環境工作與生活的權利	

◉ 提供符合道德的商品或服務，是否有助於提升企業形象

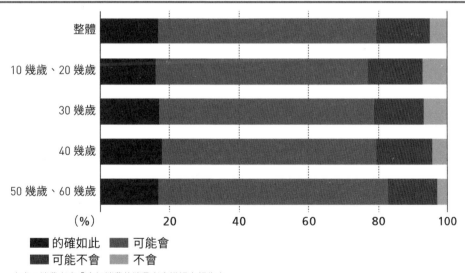

出處：消費者廳「良知消費的消費者意識調查報告表」

總　結	□ 消費者的權利若是被侵犯，有「義務」採取行動
	□ 提供符合道德觀感的商品或服務有助於提升企業的形象

就算身為「企業人」
也不要忘記作為「消費者」的心情

> ▶ 身為企業人的時候，不做那些作為消費者時討厭的事情

　　工作的時候，總是會不自覺地以工作為優先，一旦離開工作，轉變成消費者的立場時，當然也會從消費者的立場來看事情。可是每個人都應該仔細思考，該如何分別扮演企業人與消費者這兩個角色。

　　比方說，在職場為了追求利潤而為食品假造標籤的人，若是知道家人吃的食品也有標示不實的問題，應該沒辦法平心靜氣地面對才對。身為企業人的時候，允許食品標示不實；身為消費者的時候，卻痛恨食品標示不實——這種雙標的態度其實非常奇怪。

　　一直以來，企業常爆出這類問題。以低薪強迫兒童工作的企業應該反對自己的小孩當童工才對；引發公害問題的公司應該沒辦法在家人遇到公害時悶不吭聲才對。**我們不需要把 ESG 想得太複雜。簡單來說，就是「己所不欲，勿施於人」的道理，也就是做該做的事情。**

　　重點在於拿捏「企業人」與「消費者」的立場，了解這兩種立場看待事物的落差。身為企業人的時候，如果能根據消費者支持的道德觀採取行動，就能避開失去消費者的風險，還能贏到消費者的支持，企業也能永續發展才對。

● 試著把ESG想得簡單一點

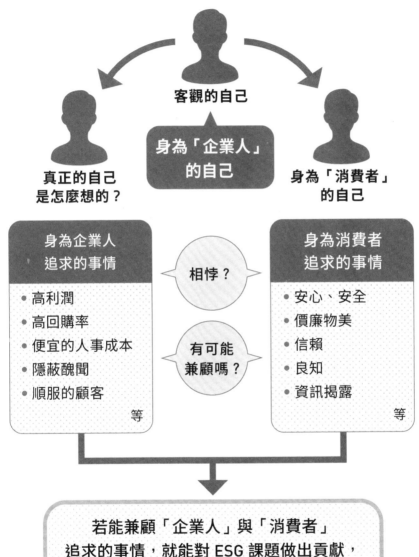

客觀的自己

身為「企業人」的自己

真正的自己是怎麼想的？

身為「消費者」的自己

身為企業人追求的事情		身為消費者追求的事情
• 高利潤	相悖？	• 安心、安全
• 高回購率		• 價廉物美
• 便宜的人事成本	有可能兼顧嗎？	• 信賴
• 隱蔽醜聞		• 良知
• 順服的顧客		• 資訊揭露
等		等

若能兼顧「企業人」與「消費者」
追求的事情，就能對 ESG 課題做出貢獻，
還能促進經濟成長！

總 結
☐ 從身為企業人與消費者的角度思考
☐ ESG的本質就是做該做的事情而已

從「中國」的人權問題來看日本與世界的處置

　　中國政府對於新疆維吾爾自治區的伊斯蘭教徒維吾爾族的鎮壓（剝奪宗教自由、強制勞動、強制絕育），不斷地遭受國際社會強烈批判。中國政府雖然以「沒有任何人權問題」的說詞否定，但是 2021 年 3 月，美國、英國、加拿大、歐盟都以侵犯人權為由，強烈制裁中國（禁止涉及人權侵害事件的人物入境，以及凍結其相關資產），美國更是以「種族滅絕」（genocide）這個字眼強烈譴責中國。

　　向來關心人權問題的瑞典大型服飾公司 H&M、美國體育用品大廠 NIKE 以及許多歐美企業都比政府更早採取行動，對人權問題提出疑問，例如 H&M 就宣布「不採購強制勞動生產的維吾爾血棉花」。

　　結果引起中國的消費者強烈反彈，發動了拒買 H&M 的活動，H&M 也被夾在重視 ESG 的歐美投資人和中國這個重要市場，以及高喊愛國主義的中國消費者之間。

　　視中國為重要市場的日本企業也一樣成為夾心麵包。例如擁有優衣庫（UNIQLO）的迅銷，以及無印良品的良品計畫就是其中一例。前者優衣庫向來被認為使用了維吾爾棉來製造產品。

　　最引人注目的部分在於因應方式的不同。日本政府對於制裁中國與否，採取了相當謹慎的態度，而日本企業的相關發言則一直遊走於灰色地帶，反觀有許多歐美企業都像 H&M 那樣表明立場。從 ESG 的觀點來看，若使用涉嫌侵害人權的維吾爾棉，就等於助長了中國侵害人權的氣勢。在人權問題落後一步的日本或許必須對人權問題更加敏感才行。

Part

6

早一步採取行動，
就能獲得更多好處
中小企業更需要透過ESG帶來商機

不採取ESG經營模式
就無法與大企業做生意？

⊙ 身為企業人的時候，不做那些作為消費者時討厭的事情

　　許多人都以為只有大企業承受了來自機構投資人的強大壓力，所以才面對 ESG 課題，但其實中小企業也難以置身事外。

　　例如 NIKE 就曾因為外包業務強迫兒童勞動而引起消費者的抵制。雖然 NIKE 沒有直接要求兒童勞動，但這仍是因為該公司供應鏈引起的問題，所以 NIKE 也難逃追究。

　　到了現在，**大企業都會將供應鏈造成的風險視為自家公司的問題，**要求原料商與外包業者面對 ESG 課題，許多大企業也會要求客戶（供應商）遵守「行為準則」。右頁是蘋果公司對於供應商的行為規範，從中可以發現不少項目與 ESG 有關。

　　如果大企業對外宣布減少溫室氣體排放量，那麼大**企業就會要求下游供應鏈的中小企業跟著做**。如果供應鏈的中小企業無法跟上，大企業有可能就會換成能夠因應 ESG 課題的中小企業。

　　這股趨勢應該會越來越強，不太可能減弱才對。對於資金不足的中小企業而言，很有可能沒有因應 ESG 課題的預算，但是唯有一邊調度資金，一邊積極面對 ESG 課題才是上上之策。若能比競爭對手早一步因應 ESG 課題，就能與客戶鞏固關係，也有可能創造新的商機。

● 蘋果公司的「Apple供應商行為準則」

勞工權益與人權
- 反歧視　● 預防雇用非自願勞工與人口販賣
- 反騷擾與反虐待　● 保護童工　● 預防雇用童工
- 第三方勞雇仲介　● 青少年勞工保護措施　● 工時管理
- 薪資和福利　● 組織工會與團體交涉的自由　● 申訴管理

健康與安全
- 健康與安全許可　● 職業健康與安全管理
- 緊急應變準備與因應　● 事故管理　● 工作與生活條件
- 健康與安全溝通

環境
- 環境許可與報告　● 管制物質（遵守規格）
- 有害廢棄物管理　● 非有害廢棄物管理
- 水源和廢水管理　● 雨水管理　● 空汙排放管理
- 邊界噪音管理　● 資源消耗管理

道德規範
- 負責物料採購　● 企業誠信　● 資訊公開
- 保護智慧財產權　● 檢舉者保護與匿名申訴
- 社區參與　● C-TPAT（預防恐怖份子的海關商貿反恐聯盟）

管理系統
- 公司聲明　● 管理職責與責任　● 風險評估與管理
- 實施計畫與措施的績效目標　● 稽核與評估
- 文件與紀錄　● 培訓與溝通　● 矯正措施流程

☑ 蘋果公司要求供應商遵循五大面向，41 項行為準則
☑ 2019 年的時候，在 49 個國家實施了 1,142 次供應商查核
☑ 若蘋果公司的行為準則違反該國法令，則以更高的基準為主

出處：蘋果公司「Apple 供應商行為準則 4.6」

總　結
□ 大企業會要求供應商遵循行為準則
□ 若無法遵循行為準則，有可能會無法繼續交易

融資給中小企業的銀行
已開始以ESG為放款標準

▶ 如今已是不因應ESG 課題，銀行就不融資的時代

巴黎氣候協議簽定與 SDGs 的概念成形後，ESG 因素影響資金流向的情況在全世界快速普及。日本國內也為了敦請企業早日因應 ESG，實施了達成目標數據就能調降利率的新型融資「**永續發展連結貸款（SLL，sustainability-linked loan）**」，這種新型融貸也逐漸普及中。

在過去，三菱 UFJ 金融集團（MUFG）、瑞穗金融集團（MHFG）、三井住友金融集團（SMFG）這三間日本大型銀行在過去常常融資給排放溫室氣體的火力發電事業，而飽受批評，如今已經祭出停止貸款給這類領域的方針，可見金融機關也正急速轉型為重視 ESG 的融資方式。

這類動作不僅出現在大型銀行，致力於 ESG 地區金融的滋賀銀行就以首間在地銀行之姿，推出了永續發展連結貸款這類融資商品，希望能藉此實現溫室氣體排放量實質歸零，以及提升在地企業的企業價值這兩個目標。具體來說，滋賀銀行一邊參考外部評鑑機構的資料，**一邊設定溫室氣體減少目標這類永續發展績效目標（SPTs）**，再依照企業的達成度給予利息優惠。

這種透過金融機構的融資加速解決 ESG 課題的趨勢越來越強，想必 ESG 課題將成為是否可融資的一大評估標準。開創解決 ESG 課題的事業雖然能夠順利籌到資金，但也同時意味著，**中小企業不能再以公司規模不大來作為忽視 ESG 的藉口，否則將無法順利貸款。**

● 永續發展連結貸款

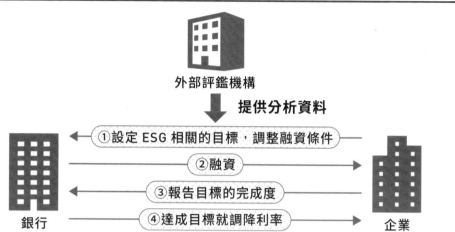

外部評鑑機構

提供分析資料

① 設定 ESG 相關的目標，調整融資條件

② 融資

③ 報告目標的完成度

④ 達成目標就調降利率

銀行 　　　　　　　　　　　　　　　　企業

● 永續發展績效目標（SPTs）的範例

分類	範例
能源效率	借款人改善自有或租借的建築物／機器的能源效率
溫室氣體排放量	借款人減少製造或銷售的產品以及製造流程產生的溫室氣體
再生能源	借款人增加再生能源的使用量
水資源消耗	借款人節省水資源
價格合理的住處	借款人增加開發價格合理的住宅數
可永續取得的原料	多使用經過認證的永續發展原料／庫存品
循環經濟	提升回收率，或是增加使用可回收的原料／庫存品
永續發展的農業與糧食	可永續發展的商品或是優質商品（擁有適當的標籤或認證）的調度／生產流程的改善
生物多樣性	保護與維護生物多樣性
全球 ESG 評估	借款人改善 ESG 排名或是取得公認的 ESG 認證

出處：LMA、APLMA、LSTA（2019）「永續發展連結貸款原則（環境省暫譯）」

總　結

☐ 金融機構陸續推出讓企業積極面對ESG課題的金融商品

☐ 是否對ESG有所貢獻成為金融機構給予優惠融資條件的標準

中小企業可從「攻擊」與「防守」這兩個角度思考做得到的部分

▶ESG 也有「攻擊」與「防守」這兩個面向

「就算跟我說要採用 ESG 經營模式，我也不知道該從何處開始」。

中小企業很常因為這樣而裹足不前。讓我們試著將 ESG 視為「為了未來的投資」而不是「成本」；即從中長期的視野俯瞰自家公司的事業。

其實目前的事業有可能早就在 ESG 的潮流之下順利進展，比方說，假設自家公司的本業是製造防漏水的閥門，那麼這項主業本身就與減少水資源流失有關，若能讓相關的業務與 ESG 結合，就有機會擴展事業，這就是屬於 ESG 的「攻擊」面向。

不過，也有不少中小企業無法找到與 ESG 的接點。如果找不到這個接點，與偷偷摸摸採取 ESG 經營模式沒有兩樣。儘管「為善不欲人知」是日本人的美德，但是積極宣傳自家公司有心解決 ESG 課題這點，很有機會帶來新的商機，所以要趁此機會重新檢視自家公司的事業與 ESG 的相關性。

另一方面，如果被外部知道公司內部有職權騷擾或是違反法規的問題，業績有可能受到影響，公司形象也有可能一落千丈，所以為了避免這類情事發生，必須了解 ESG 的「防守」面向。

簡單來說，**ESG 經營模式包含了增加商機的「攻擊」面向與降低風險的「防守」面向。**

● ESG的「攻擊」面向與「防守」面向是什麼意思？

攻擊面向的 ESG （擴大事業機會）	防守面向的 ESG （降低事業風險）
● 提供解決社會課題的商品或服務 ● 開發能量化對環境造成多少影響的商品 ● 透過自家公司的事業對在地社群做出貢獻 ● 設定具有野心的目標 <div align="right">等</div>	● 減少溫室氣體排放量 ● 對原料採購負起責任 ● 打造安全、衛生、女性也能安心工作的勞動環境 ● 保護個人隱私 <div align="right">等</div>

與擴大事業機會有關的 ESG「攻擊」面向到底包含哪些內容呢？

與降低事業風險有關的 ESG「防守」面向到底包含哪些內容呢？

**只要仔細檢視公司內部與外部，
一定能找到可以做得到的事情！
不能只重視「攻擊」或是「防守」！**

永續的經濟成長

總 結	☐ ESG經營模式的「攻擊」面向能帶來更多商機 ☐ ESG經營模式的「防守」面向能降低風險

以「反向預測」和「由外而內」的觀點思考

▶ 採取ESG 經營模式所需的兩大觀點

　　中小企業再也不能以規模不大為藉口，對「ESG 課題」漠不關心。後續將會介紹從事 ESG 活動時的四個重點，但在從事 ESG 活動之前，必須先改變看待 ESG 的心態。

　　其中之一就是「反向預測」的觀點，也就是在提出具有野心的目標後，從未來的模樣反推現在該做的事情。許多企業都只是根據現在能做的事情「正向預測」最終結果，但這種做法很難擺脫過去的思維。另一方面，若是採用「反向預測」的觀點，就必須跳脫窠臼，找到新的解決方案，所以就有可能找到顛覆一切的創意。

　　另一個觀點則是「由外而內」。許多企業都是站在自己的立場（由內而外）思考，或是站在顧客需求這個起點開發產品與服務，而這是屬於「market in」的觀點。不過，在思考社會與環境的問題時，**解決問題是首要任務，所以需要從「由外而內」的觀點思考自己到底該做什麼事情。**說得極端一點，就算消費者還未提出要求，也可以先仿照 p.154 介紹的西班牙大型服飾品牌印地紡（Inditex）的方式，將環境與社會問題視為社會大眾的需求，再從這個觀點試著解決問題。

　　從自己的立場思考這件事，本身沒有任何對錯，但是「由外而內」的觀點有時會帶給我們前所未見的景色。

● 「反向預測」與「正向預測」

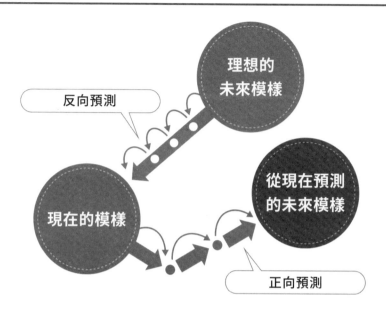

● 「由外而內」與「由內而外」的觀點

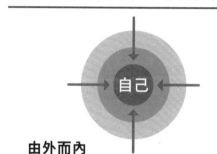

由外而內

這是以「外部的問題、課題」為起點，
思考解決問題的方法。一邊思考該如何
解決問題或課題，一邊試著填平現況與
解決方案之間的落差。這可說是從問題
與課題得到解決的未來回推到現在該做
哪些事情的方法。

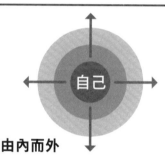

由內而外

在解決問題或課題時，以「不改善自己
就無法解決外部的問題或課題」為起
點，預測未來的情況。

總 結	□ 提出具有野心的目標，再以「反向預測」的觀點思考
	□ 透過「由外而內」的觀點思考解決環境、社會問題的方案

重點①
經營團隊積極參與

沒有領導的積極參與，ESG 管理就無法成功

利害關係人的每一隻眼睛都盯著企業對 ESG 到底有多認真。**為了讓企業積極轉型為 ESG 經營模式，經營高層就必須積極參與。**

比方說，就算公司內部有人提出能有效解決環境與社會課題的事業構想，只要經營高層不同意的話，這項事業就無法推動；就算有人對公司治理提出諫言，如果經營高層沒有採納諫言的格局，企業就無法轉型為公司治理良好的組織。

不管時代如何變遷，經營者都必須具備「找出具有潛力的新挑戰的眼力」、「從長期的觀點思考事業的視野」、「開創新事業的領袖風範」；中小企業高層更是需要這份膽識，才能帶領公司從舊資本主義轉型為新資本主義，平安度過這個過渡期。

正因為是中小企業，所以經營高層更有機會發揮領導能力。假設現在抱著「之後再做」的想法，建議早點改變成「得立刻開始做」的心態，然後由經營高層帶頭實踐 ESG，否則有可能會被客戶趕出供應鏈，公司也有可能在不久的未來面臨存亡危機。如果公司高層還一直堅持舊資本主義的思維，員工就應該一再強調 ESG 的重要性。

假設沒有執行力，這一切都是紙上談兵，所以有必要透過 PDCA 循環適當地配置來解決 ESG 課題的部門以及人力，且由經營高層與董事會建立監督體制，以打造有能力解決 ESG 課題的組織。

● 打造ESG課題實務體制之際的重點

① 經營高層的參與

經營者必須負起責任,主動參與。釐清 ESG 課題的相關責任,建立提供相關資訊給經營者的流程,以及掌握 ESG 課題現況的方法與揭露相關的資訊,讓公司內部認真看待 ESG 課題。

② 打造能解決 ESG 課題的組織

在現有的經營體制下,打造能解決 ESG 課題的組織。負責擬定決策的董事會與外部董事了解自家公司的 ESG 課題之後,將 ESG 課題放入事業計畫,打造能夠解決該課題的組織。

● 能夠解決 ESG 課題的管理架構範例

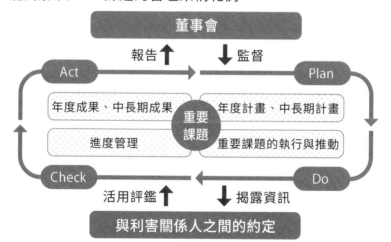

這是利用 PDCA 循環解決重要課題,同時為了達成目標,而建立了管理架構的範例。在這個架構之中,一邊利用利害關係人對於企業揭露資訊程度的評鑑,一邊著手解決重要課題,董事會也在得到相關部門的報告之後,監控與監督解決 ESG 課題的進度。

出處:ESG 資訊揭路指南

總 結	□ 經營高層若認為ESG是無解的課題,就無法採用ESG經營模式
	□ 必須視情況打造能採用ESG經營模式的組織

重點②
設定明確的重要課題

● 若不先確定重要課題，就無法採取行動

ESG 這個字眼看似單純，但其實範圍非常廣泛，所以**必須先從 ESG 之中挑出對公司而言，相當重要的課題**。如果未先釐清這點就著手解決 ESG 課題，就會不知道到底在忙什麼，也無法得到具體的結果。

各企業已在官網公開指定重要課題的流程，而本書將透過下列四個步驟思考日用品大型製造商花王選擇重要課題的流程。

步驟①指定候選的主題：參考各種指南（例：SASB 準則、準則）、SDGs、與利害關係人之間的對話、ESG 評鑑機構的評鑑項目，來選出候選的主題。

步驟②設定優先順序：請公司外部的利害關係人或員工評估在步驟①列出的候補主題，決定這些主題在事業成長或是企業價值提升這部分的重要度，再根據這個結果畫出以「在利害關係人心目中的重要程度」與「對於自家公司的重要程度」為軸的矩陣，然後依照這些主題的特性，適當地於矩陣之中配置。之後在公司內部開會討論評鑑結果與結合第三者的意見，再決定與 ESG 相關的重要課題。

步驟③取得同意：在董事會取得共識後，讓重要課題落實為各部門的目標或是事業計畫。

步驟④評估：定期檢視重要課題的進度，同時聽取外部人士的意見，再視情況透過步驟①～③重新評估重要課題。

● 用於確定材質四個步驟

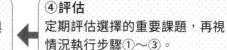

①指定候選的主題
列出候選主題，傾聽相關部門與
外部相關人士的意見

④評估
定期評估選擇的重要課題，再視
情況執行步驟①～③。

②設定優先順序
請公司外部的利害關係人與員工
評估每個候選主題在事業成長與
企業價值提升這兩個部分的重要
度，再將這些主題配置在重要課
題矩陣之中（如下）。

③取得同意
由董事會通過選擇的重要課題，
再由各部門制定各自的目標與活
動計畫，然後開始著手解決 ESG
課題

● 重要課題矩陣的範例（花王的情況）

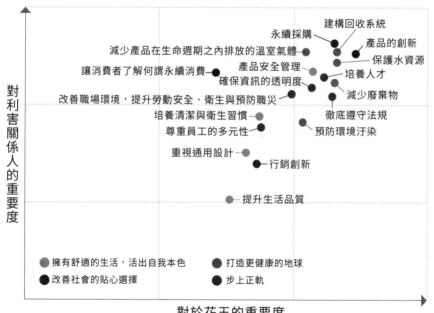

對利害關係人的重要度

對於花王的重要度

建構回收系統
永續採購
產品的創新
減少產品在生命週期之內排放的溫室氣體
保護水資源
讓消費者了解何謂永續消費
產品安全管理
培養人才
確保資訊的透明度
減少廢棄物
改善職場環境，提升勞動安全、衛生與預防職災
培養清潔與衛生習慣
徹底遵守法規
尊重員工的多元性
預防環境汙染
重視通用設計
行銷創新
提升生活品質

● 擁有舒適的生活，活出自我本色　● 打造更健康的地球
● 改善社會的貼心選擇　● 步上正軌

出處：根據花王「花王永續發展資料表 Kirei Lifestyle Plan Progress Report 2020」製作

總結
☐ 關鍵在於傾聽公司內外的意見，找出重要課題
☐ 必須視情況調整重要課題

Part
6

中小企業更需要透過ESG帶來商機

重點③
以ESG的觀點訂立與執行目標

▶以三個步驟設定與執行目標

如果只是鎖定重要課題，卻不予以執行，就沒有任何意義可言，所以要設定具體的目標，再朝著目標前進。建議大家以下列的步驟設定目標與採取相關的行動。

①**設定目標範圍，選擇 KPI（關鍵績效指標）**

替每個**重要課題選擇幾個可量化影響程度的 KPI（關鍵績效指標）**。比方說，除了設定溫室氣體排放量、資源使用量這類與環境相關的目標以外，最好還能設定一些社會層面的目標。此外，之後會向公司內外揭露相關資訊，所以不要以只屬於公司內部的指標設定 KPI，而是要以誰都能一目瞭然的常見指標設定 KPI。

②**設定基線，提出具有野心的目標**

在設定目標時，必須設定基線，比方說，可以設定「在 2025 年之前，讓女性董事比 2020 年底（基線）多出 40%」這種基線。這個時候的目標必須充滿野心，因為越是難以達成的目標，才越有可能催生創意與創新，也才有機會得到不凡的結果。

③**公布目標，執行目標**

確定目標之後，即可著手解決 ESG 課題，但在開始之前，**必須向公司內外公布目標**。這麼做能讓公司內部繃緊神經，讓大家更想達成目標，利害關係人也比較容易確認進度以及給予評價。

● 朝日集團控股的重要課題與KPI（摘要）

重要課題	主題	目標組織	KPI
環境	氣候變遷	整個集團	在 2030 年之前，於範疇 1、2 達成 CO_2 排放量減少 30%（與 2015 年相比）
	永續採購	朝日食品集團	讓經過 RSPO 認證的棕櫚油採購比例在 2020 年達到 5%，在 2021 年達到 25%（Book & Claim 認證）
	永續水資源	整個集團	在 2030 年之前，讓水資源的用量恢復正常，並且擴大回收系統，讓水資源的使用量單位降至 $3.2m^3$／kl 以下
	建構循型社會	日本國內公司	讓副產物與廢棄物的回收比率持續維持 100%
人	尊重人權	朝日集團控股	於 2020 年要求供應商啟動人權盡職調查程序
	多元性	朝日集團控股	讓日本國內公司在人權與 LGBT 的線上學習參與率達到 90% 以上
	勞動安全與衛生	日本國內公司	在 2023 年之前，讓健檢率達到 98%
社群	創造人與人的羈絆	朝日飲料	在 14 個事業據點分別實施解決在地課題的方案
	打造永續發展的供應鏈	朝日集團控股	讓供應廠 CSR 問卷的應答率達到 90% 以上
健康	食品安全	整個集團	實現品質零事故的目標
	創造健康價值	朝日食品集團	讓參加「營養諮詢活動」的人數達到 10 萬人
合理地飲酒	消滅不合理的飲酒習慣	整個集團	2024 年之前，在所有酒精飲料品牌（包含該品牌的無酒精飲料）的產品標示合法飲酒年齡

出處：朝日集團控股官網

總 結
☐ 提出充滿野心的目標，創造更偉大的成果
☐ 公布目標，促使公司上下更想達成目標

重點④
讓ESG成為公司內部的常識

▶ 必須一步一腳印地努力，才能讓ESG於公司內部普及

　　在採行ESG經營模式時，經營高層由上而下的推廣固然重要，但負責實際執行的員工不一定能夠了解經營高層的想法，也有可能會覺得ESG很麻煩，導致ESG經營模式無法在公司內紮根。對於想要從事ESG活動的企業而言，讓員工了解與熟悉ESG將越來越重要。

　　不過，不是嘴巴說說就能讓ESG在公司內部成為常識。由於中小企業不像大企業那樣，擁有足夠的時間與資金，所以通常會把ESG想得太過複雜，而且公司內部若是有許多人仍堅持舊資本主義的思維，就更難推動ESG了。

　　遺憾的是，**要讓ESG在公司內部成為常識是沒有捷徑的**。說得極端一點，在將ESG當成自己的事情之前，**只能「不厭其煩」地要求每個人努力執行ESG的相關課題**。

　　右頁介紹了汽車零件大廠愛信精機株式會社的例子。從中可以發現，就算大企業，做的努力也與一般的公司一樣。比方說，愛信這間公司在不同的層級舉辦了研修會與讀書會，讓員工進一步了解SDGs與ESG，亦透過內部月刊或海報啟發員工。

　　換個角度來看，員工數較少的中小企業反而更容易讓ESG這個觀念在公司內部普及。一開始或許得摸索一陣子，但只要參考其他公司的例子，再試著根據自家公司的文化進行調整，藉此讓公司內部對ESG形成共識，使ESG的相關活動加速進行，也更有機會創造美好的未來。

● 愛信精機在公司內部推廣ESG的各項活動

① 在集團內刊登載 SDGs、ESG 特輯

透過不同的語言簡單易懂地介紹國際社會的趨勢、集團的理想、優先處理的課題、具體的解決方案,藉此啟發世界各地的員工

② 在公司內網連載 SDGs、能源的活動內容

為了讓所有員工參與 SDGs,從不同的角度不斷介紹集團在 SDGs 的努力,以及集團與能源之間的關聯性

③ 發行專為工廠設計的 SDGs 啟發海報

為了讓工廠作業員了解 SDGs 的基本事項,以及與自己的業務有何關聯,在工廠張貼海報

④ 實施 SDGs、ESG 的基礎教育

整個集團為了強化與普及 SDGs、ESG 的基礎教育,讓國內外員工進一步了解,實施了相關的基礎教育。
● 實施 SDGs、ESG 線上學習課程
● 製作語音導覽的 SDGs、ESG 基礎教育教材

出處:愛信官網

⑤ 在不同層級舉辦 SDGs、ESG 的研修課程與讀書會

為了讓員工進一步了解集團在 SDGs、ESG 的活動現況,而在不同層級舉辦研修課程與讀書會

董事層級
● SDGs、ESG 經營演講會
● TCFD(p.98)演講會
● 綜合報告讀書會
● 新任董事研修課程

關鍵人物層級
● SDGs、ESG 演講
● SDGs 體驗型研修課程
● 綜合報告讀書會

一般員工層級
● 新進員工研修
● 技術人員 CASE[*] / SDGs 演講
● 業務人員 CASE[*] / SDGs 演講
● 理想職場 SDGs 演講

⑥ 自己的業務與 SDGs 的關聯性

為了加速達成 2030 年的目標,讓自己的業務與 SDGs 產生關聯性,並在人事溝通工具中填入做了哪些與 SDGs 有關的事項,藉此讓每位員工將 SDGs 當成「自己的事情」。

*CASE:自動駕駛或是共享服務這類次世代型的交通行動服務

| 總　結 | □ 讓ESG成為公司內部的常識沒有捷徑 |
| | □ 不厭其煩地向員工說明是唯一的捷徑 |

帶動亞洲經濟成長的「ESG」

　　作為引領二十一世紀經濟成長火車頭的亞洲，如今受到全世界關注。在新冠疫情爆發後，亞洲各國的確遭受重大的經濟損失，但在國際貨幣基金組織（IMF）的預測之下，2021 年，亞洲新興國家的成長率從前一年的 -1.1% 急增至 +8.3%，遠遠高於美國的 +5.1%、歐洲的 +4.2%、日本的 +3.1%，以及全世界平均的 +5.5%。

　　隨著越來越多人接種疫苗，疫情似乎也不再擴大，作為世界工廠的亞洲新興國家之經濟也因此蓬勃發展。隨著經濟不斷成長，亞洲新興國家的中產階級越來越多，這將讓亞洲逐漸成為不容忽視的一大消費地區。

　　這些亞洲新興國家若要持續刺激經濟成長，重點之一就是「積極因應 ESG 課題」。一旦經濟活動蓬勃發展，就會需要更多能源，也會消耗更多資源，然而南亞一帶仍有許多強制勞動、兒童勞動的問題，許多人仍受到現代奴隸制的箝制；此外，2021 年 2 月，緬甸爆發了軍事政變，也出現了人權問題。

　　全世界的投資人與消費者都越來越重視 ESG 問題，許多國家也因為經濟成長的關係出現嚴重的環保問題與人權侵害問題。一旦這些問題被全世界的投資人與消費者視為 ESG 課題，歐美的投資人就會失去投資意願，消費者也會厭惡這些國家生產的產品。儘管亞洲各國越來越重視 ESG，但從全世界的角度來看，還有許多有待解決的問題。

Part

7

從先進的實踐事例學習ESG
一起了解採行ESG經營模式的大企業
採用了哪些**策略**吧

事例①改變歐美主導規則的 「大金工業」

◉讓氯氟烴的國際規格修改成有利於自己的規格

從國外事業比例高達 77% 這點來看，以製造空調與冷媒聞名全世界的大金工業的確已經成為世界級企業。眾所周知，**該公司參與了制定國際規格的流程，讓自家公司更順利地推動全球化策略，也因此成功擴大了事業。**

在過去，大金工業的主力商品為冷氣機的冷媒，而這種冷媒的原料為氯氟烴，但是在進入 1970 年代之後，氯氟烴被認為是破壞臭氧層的元凶，處分所有「特定氯氟烴」也成為全世界的共識。於 1987 年簽署的蒙特婁議定書也提到了在未來將報廢這些特定的氫氟烴，以及採用「氫氟烴替代品」。不過，當氫氟烴替代品被發現會引起更強烈的溫室效應，遂於 1997 年簽署的京都議定書提出減少使用氫氟烴替代品的方向。

大金工業開發了「R32」這種不會破壞臭氧層，溫室效應相對較低的冷媒。不過，在當時的國際規格 ISO817 之中，這款冷媒仍被分類為該減少使用的「氫氟烴替代品」。**因此，大金工業不斷地遊說主導國際規格的歐美各國政府，希望能在 ISO817 新增項目，讓「R32」得以被排除在減少使用的對象之外。**經過漫長時間的交涉之後，該公司的主張得到認同，ISO817 也新增了分類，R32 也因此成為相當普及的冷媒。

不過，規則總是不斷地修改，各國正因為溫室效應的關係，考慮減少 R32 的使用量，大金工業也面臨了新的挑戰。

● 大金工業成功修改ISO817的規格以及業績的趨勢

企業概要

公司名稱：大金工業
營業額（2020年9月）：2兆4,934億日圓（約5,317億新臺幣）
總公司：大阪府大阪市
事業內容：空調、冷凍機、化學、油機與特殊機械的製造與銷售

大金工業成功修改 ISO817 的部分

早期的分類

	A 低毒性	B 高毒性
易燃	3	3
可燃	2	2
非易燃	1	1

已實現的新分類

	A 低毒性	B 高毒性
易燃	3	3
可燃	2	2
微燃	2L	2L
微燃	1	1

這是成功新增的項目，
也讓「R32」得以使用！

* 數字為可燃性的項目　出處：日本經濟產業省「國際標準化的動向與規則制定策略」

大金的營業額與營業利益的趨勢

（億日圓）

營業額（左側）　營業利益（右側）

30,000									
25,000									
20,000									
15,000									
10,000									
5,000									
0	2012年	2013年	2014年	2015年	2016年	2017年	2018年	2019年	2020年	2021年

（億日圓）
3,000
2,500
2,000
1,500
1,000
500
0

出處：大金工業

大金工業新增了對自家公司有利的分類，也讓歐美承認
這個分類，為公司帶來了另一波的成長！

總　結

☐ 改變規則可兼顧「自家公司的利益」與「環保」

☐ 日本企業仍無心參與國際規格的制定

事例②開發符合國際規格生物燃料的「Euglena」

▶不符合國際規格的產品就無法與全世界對抗

若以相同的運輸量來看，飛機產生的溫室氣體遠比火車或船隻來得多，航空業界的溫室氣體排放量約占全世界的 2%（其中國際航空占了 1.3%）。新冠疫情平息後，國際航空的溫室氣體排放量更是一路狂飆，所以要想打造去碳化的社會，減少溫室氣體排放量可說是航空業界的當務之急。

在過去，都是由國際民用航空組織（ICAO）負責制定減少溫室氣體排放量的國際規則，其中之一就是於 2021 年正式上路的 CORSIA（國際航空業碳抵銷及減量計畫）。顧名思義，CORSIA 要求各航空公司在超過減碳目標時，必須根據超出的排放量購買等量的碳權補償（offset），或是改用溫室氣體排放量較低的「生物燃料」，作為減碳的策略之一。

2021 年 3 月，由東京大學設立的新創企業 Euglena 在實驗工廠開發了從眼蟲藻提取出生物燃料的技術，也取得了**國際規格 ASTM 的認證**。在「讓日本成為生物燃料大國」的口號之下，一步一腳印地從事生物燃料的研究與開發後，總算看到成果，而於 2021 年 9 月中期，實現日本首次以生物燃料為燃料的航班。

提出「減少環境負擔」、「開發永續商品」這類 ESG 經營的重要課題，再以長遠的觀點開發符合時代需求的商品，似乎就能在不久的未來抓住商機。

● 生物燃料的原理與Euglena的重要課題

<table>
<tr><td>企業概要</td><td>公司名稱：Euglena
營業額（2020 年 9 月）：133 億 1,700 萬日圓（約 28 億 3,950 萬新臺幣）
總公司：東京都港區
事業內容：開發從眼蟲藻提取生物燃料的技術</td></tr>
</table>

為什麼生物燃料不會造成環境過多負擔？

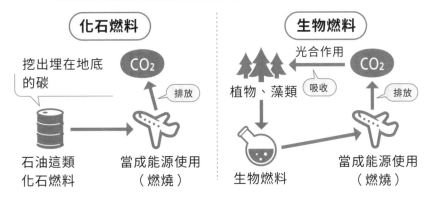

生物燃料與化石燃料都會在燃燒的時候排放 CO_2，但是生物燃料的眼蟲藻會在利用葉綠素進行光合作用時，吸收 CO_2，所以能與排放的溫室氣體互相抵銷，達到「碳中和」的效果。

Euglena 在 ESG 經營方面的重要課題

E
- 減輕環境負擔

S
- 供給永續商品
- 打造方便各種夥伴工作的職場
- 與利害關係人建立約定

G
- 強化經營基礎

出處：Euglena 官網

<table>
<tr><td>總　結</td><td>☐ 若不開發次世代商品，就會被時代淘汰
☐ 早期得到國際規格的認證，就能擴展商機</td></tr>
</table>

事例③「花王」的ESG戰略「Kirei Lifestyle Plan」是什麼？

▶ 國內外ESG 評價較高的 「花王」的ESG 戰略

積極參與 ESG 活動的日用品大型製造商花王在日本國內外皆獲得好評，是引領日本國內 ESG 活動的先進企業。

近年來，**日本的龍頭企業紛紛預測市場的長期變化，開發不同的商品，以及調整商業模式的結構**。花王也根據在 2030 年之前，該對 SDGs 做出哪些貢獻，又該如何滿足重視永續發展的消費者的觀點，以 2030 年為目標，訂立中長期的 ESG 目標。

在消費者的需求不斷隨著各種社會課題而改變，花王將消費者想要的永續發展生活定義為「Kirei Lifestyle」，也為此制定了ESG 戰略「Kirei Lifestyle Plan（KLP）」（參考右頁）。這項戰略包含了三項與環境、社會有關的公約，而且都要在 2030 年之前完成，同時還提到了實現這些公約所採取的行動以及「步上正軌」這個公司治理方針。由於 KLP 的目的是為了讓各種事業活動與 ESG 課題結合，所以內容五花八門的。瀏覽該公司的官網或是於 2021 年 5 月發表的「花王永續發展資料表」，就會發現花王真的打算讓 ESG 課題與各種事業活動結合，甚至會讓人覺得「有必要做到這個地步嗎？」而且花王也時時公布各項主題的進度（一部分於 2022 年公布），還說明了監控進度的方法。

由於**花王這些措施逐漸在全球企業之間成為標竿**，所以日本企業也應該以花王為榜樣，參考花王的方式。

● 花王的ESG戰略概要

企業概要

公司名稱：花王
營業額（2020年12月）：1兆3,820億日圓（約2,947億新臺幣）
總公司：東京都中央區
事業內容：日用品、化妝品、食品的製造與銷售

花王的 ESG 戰略「Kirei Lifestyle Plan」

所有項目的資訊都隨時在官
網發布！

My Kirei Lifestyle

	擁有舒適的生活，活出自我本色	改善社會的貼心選擇	打造更健康的地球
2030 年花王的公約	在2030年之前，為全世界的每個人提供更豐富、滿足的生活。一開始先以10億人為目標，讓每個人都能健康安心地慢慢變老，以及活出自我本色	在2030年之前，所有花王旗下的品牌都要提出看似渺小，卻富含意義的選項，以便打造更具活力，更互相體貼的社會	在2030年之前，所有的花王產品都要在生命週期之內，根據科學實證的方式，讓產品的影響限縮在地球能承受的範圍之內。
花王採取的行動	● 提升生活品質 ● 養成整潔、美麗、身心健康的習慣 ● 重視產品的通用設計 ● 打造更安全與健康的產品	● 推動永續生活方式 ● 以目標為導向的品牌 ● 改變生活的產品創新 ● 負責任的原材料採購	● 去碳化 ● 零垃圾 ● 保護水資源 ● 防止空氣汙染與水源汙染
步上正軌	具實效性的公司治理／徹頭徹尾的透明性／尊重人權／培育人才／具兼包容性與多樣性的職場／增加員工的健康與安全／負起管理化學物質的義務		

出處：花王官網

總　結

☐ 花王的ESG戰略是面向長期、思考經營的典範
☐ 像花王這樣的措施在全球企業間成為標竿

事例④將激進投資人
聘為外部董事的「奧林巴斯」

● 為了強化公司治理而延攬 「激進投資人」為外部董事

擁有一定程度的股份，對企業提出經營策略，等到企業價值提升之後，賣掉股票獲利的投資基金通常稱為激進投資人（Activist）。而這種激進投資人通常被企業視為眼中釘，因為這類激進投資人會為了自己的利益對企業的經營團體提出帶有敵意的要求，或是收購股份，竊奪企業的經營權。

2019 年 1 月，光學電子機器製造商奧林巴斯從被視為激進投資人，且擁有 5% 左右股份的美國投資公司「ValueAct Capital（以下簡稱 VAC）」請來外部董事，也因此掀起話題。

奧林巴斯此舉的目的是**引入外部的觀點，藉此提升董事會的多元性，以改革企業體質。**

一直以來，奧林巴斯都在醫療保健領域投入大量心力，而來自 VAC 的外部董事則對這塊領域有一定的見解。他在董事會從客觀的角度提出嚴厲的批評之餘，也從未不斷地要求奧林巴斯追求短期利益，結果使整個董事會的討論變得更熱絡，亦強化了對經營的監督力道。

之後，奧林巴斯決定賣掉一直以來捨不得賣掉，卻又一直扯後腿的數位相機與影像事業，將所有的資源轉向生產消化器官的內視鏡事業，以及成長顯著的醫療機器事業，最終讓 2021 年 3 月的營業利益比賣掉影像事業之前成長了三倍。

● 聘請激進投資人為外部董事，重新整頓事業的奧林巴斯

企業概要

公司名稱：奧林巴斯
營業額（2021 年 3 月）：7,305 億 4,400 萬日圓（約 1,557 億 6,959 萬新臺幣）
總公司：東京都新宿區
事業內容：製造與銷售精密機械

▶ 奧林巴斯的董事結構（2021 年 5 月底的資料）

▶ 奧林巴斯整頓事業前後的營業額與營業利益

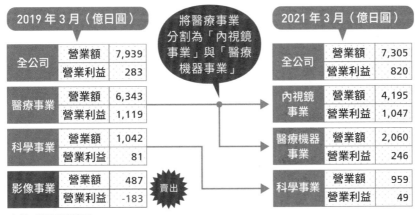

出處：奧林巴斯資料

總　結

☐ 讓激進投資人成為外部董事的案例並不常見
☐ 從董事會的外部引進批判的意見非常重要

事例⑤日本首件以ESG目標發行的公司債券，成功籌募資金的「Hulic」

● 未達目標就要多支付投資人利息

2020年10月15日，大型不動產公司 Hulic 發行日本首見的「永續發展連結債券（Sustainability Linked Bond，SLB）」，也因此備受關注。所謂的 SLB 是指**讓 ESG 目標與發行條件連動的公司債券**，這種公司債券的特徵在於發行公司債券的主體（Hulic）設定了與永續發展有關的 SPTs（p.128），發行條件會隨著達成度而調整。該公司在發行 SLB 之際，設定了兩個 SPTs，只要其中一邊未達成，支付給投資人的利息就必須往上調整 0.1%（遞增型利率）。這兩個 SPTs 是根據 2020 年啟動的十年中長期永續經營計畫所制定的目標。

發行 SLB 的最大目的是籌募資金。照理說，若只是為了籌募資金，只需要發行一般的公司債券即可，但是之所以刻意透過 SLB 的方式籌募資金，其實是因為另有優點。

第一個優點是，公布 ESG 目標，宣示公司對於永續發展的態度，以期能夠贏得投資人的信賴。就結果而言，大型資產管理公司、大型生命保險公司、信用工會、信用金庫都投資了這個 SLB。

此外，自行提出「未達成目標就會增加利息支付壓力」的條件，會讓公司為了避免增加成本而更積極地達成目標。

簡單來說，該公司發行的公司債券不僅可募得資金，還可讓公司內部的 ESG 活動加速展開。

●Hulic發行的永續發展連結債券（SLB）

> **企業概要**
>
> 公司名稱：Hulic
> 營業額（2020 年 12 月）：914 億 9,400 萬日圓（約 195 億 872 萬新臺幣）
> 總公司：東京都中央區
> 事業內容：持有、租賃、買賣、仲介不動產

▶ 何謂永續發展連結債券（SLB）？

> # SLB Sustainability-Linked Bond
> ## 永續發展連結債券
>
> 發行主體會根據事先設定的永續發展目標／ESG 目標的達成度，調整發行條件的債券。這與只能用來解決環保問題的「綠色債券」以及只能用來解決社會問題的「社會債券」不同，資金的用途不受任何限制。

▶ Hulic 發行 SLB 的概要

Hulic 株式會社第 10 次無擔保公司債券（附帶公司債券限定同順位特殊條約）（永續發展連結債券）			
發行年限	10 年	發行總額	100 億日圓
與發行條件連動的 SPTs	① 在 2025 年之前，達成於事業活動消耗的電力 100% 轉換成再生能源的「RE100」 ② 在 2025 年之前，讓銀座 8 丁目開發計畫之中的日本首座耐火木造 12 層樓式商業設施完工		
利率	● 自 2020 年 10 月 15 日的隔天開始，到 2026 年 10 月 15 日為止，每年 0.44% ● 假設與發行條件連動的 SPTs 有一項在 2026 年 8 月 31 日當天未達成，便從 2026 年 10 月 15 日的隔天開始調升利率 0.10%，且逐年遞增		
條件決定日期	2020 年 10 月 9 日	發行日	2020 年 10 月 15 日
償還日期	2030 年 10 月 15 日	信用評級	A+（日本格付研究所）

> **總 結**
>
> ☐ 發行條件與ESG目標連動的公司債券為「SLB」
> ☐ SLB能讓公司內部更認真從事ESG活動

事例⑥走向永續發展經營的
大型服飾品牌「印地紡」

● 徹底支持ESG，追求可持續發展的服裝之雄

以「ZARA」闖出名號的西班牙大型服飾品牌印地紡在服飾業界是眾所周知的 ESG 先進企業，向來以「就算消費者當下不接受，也要毫不猶豫地做正確的事」這股強大的意志，和以自己的方式從事各種 ESG 活動，**甚至該公司提出的數值目標遠比世界各國政府所設定的環保目標來得嚴苛許多。**

服飾業界向來有報廢大量庫存的問題，而印地紡除了致力於減少報廢的庫存，讓報廢率趨近於零之外，所有配送使用的箱子都使用可回收的紙箱，且裝商品的袋子也都從塑膠袋換成紙袋。此外，還在全世界的門市設定回收二手服飾的容器，也在西班牙、上海與部分都市針對網購的消費者實施在自家收取二手服飾的服務。回收的二手服飾則透過紅十字會與非營利團體捐贈或是回收。

該公司的 ESG 活動當然不僅止於產品。比方說，該公司希望在 2025 年之前，讓總公司的辦公室、配送中心、全世界的門市（2020 年 1 月底共有 6,829 間）使用的能源能有 80% 換成再生能源。門市的照明系統除了由總公司負責監控之外，還採用監測能源效率的軟體，「量化」能源消耗值。

此外，就連董事報酬也以永續發展經營的達成度決定，這種貫徹 ESG 的態度不僅領先投資人與消費者一步，還獲得投資人與消費者的好評。

● 印地紡的永續發展目標

企業概要

公司名稱：印地紡
營業額（2021 年 3 月）：204.02 億歐元（約 6,964 億新臺幣）
總公司：西班牙阿爾泰霍
事業內容：製造與銷售服飾

該公司的五大永續發展公約

供應鏈的永續發展

零廢棄物／回收策略

永續發展

使用再生能源

轉換為高環境效率的門市

轉換為符合永續發展理念的布料

該公司設定的 2020 年目標與結果

- 所有門市轉換成環保門市（達成）
- 在所有門市設置回收二手服飾的容器（達成）
- 讓附有「JOIN LIFE」標籤的服飾超過 25%（35%）
- 100% 使用經過森林認證的纖維（達成）
- 所有旗下品牌禁止使用塑膠袋（達成）
- 在製造纖維產品時，適當管理化學物質，完成「ZDHC」的目標（達成）
- 讓自家設備使用的能源有 65% 轉換成再生能源（80%）

提出在 2030 年之前必須達成的大目標（例如不再有設備產生廢棄物），推動重視永續發展的策略！

總結

☐ 比消費者更快面對ESG，所以得到好評
☐ 整個事業體都以「永續發展」的概念經營

事例⑦以廣泛的視野進行ESG活動的
「星巴克」

▶ 積極實踐ESG 活動的態度引起消費者的共鳴

在全世界 90 個國家與地區設立 3 萬 2,943 間門市，而在日本設立了 1,640 間門市（皆為 2021 年 3 月底的資料）的星巴克，是最早致力於 ESG 活動的企業。

星巴克每年在全世界提供了約 10 億根塑膠吸管，為了減輕環境負擔，星巴克宣布在 2020 年底之前，不再使用任何塑膠吸管，此舉也在日本掀起話題。除此之外，還建議使用者自行攜帶容器，或是設立符合環保概念的門市。這些重視環保的活動都得到消費者一致好評。

其實該公司**從幾十年前就宣布，將營業重點放在「企業應該扮演人與地球之間的橋樑，為雙方打造更美好的未來」**。從右頁介紹的活動可以發現，比起現在才急忙從事 ESG 活動的日本企業來說，星巴克早就以更寬闊的視野從事 ESG 活動。

小規模的咖啡豆農家在收成之前，常常遇到資金不足的問題，而被迫以不合理的低價賣給採購者，因此星巴克投資了非營利團體，讓非營利團體能夠以低利率的方式貸款給咖啡豆農家，從財務方面支援這些農家。另一個具體的目標就是「雇用難民」，這也是在日本企業少見的作為。

該公司提出了具體目標，也採取了行動，藉此更全面地對環境與社會做出貢獻，也引起了消費者的共鳴；**這些活動都能大幅提升消費者以及其他利害關係人對於該品牌的忠誠度。**

● 星巴克的ESG活動概要

企業概要
公司名稱：星巴克
營業額（2020 年 9 月）：235.18 億美元（約 7,639 億新臺幣）
總公司：美國華盛頓州西雅圖
事業內容：經營咖啡館、銷售咖啡

2019 年度 ESG 活動的進度與目標

S 合理採購的咖啡
99%
目標 100%

E 符合環保概念的門市數量
741 間
目標 在 2025 年之前，在全世界達到 1 萬間

G 女性占資深負責人的比例
42%
目標 50%

S 雇用難民
2,100 人
目標 在 2022 年之前，在全世界雇用 1 萬人

S 貸給農家的低利率貸款
4,600 萬美元
目標 在 2020 年之前放款 5,000 萬美元

**星巴克認為「追求利益就是打造重視人性的社會」，
不斷地從事兼顧地球與利益的正向活動！**

出處：星巴克「2019 星巴克全球社會影響報表」

總結
□ 比起日本企業，星巴克早已從更廣泛的視野中從事ESG活動
□ 透過其他公司沒有的ESG活動引起消費者共鳴，打造正向的循環

Index

ESG 60分鐘超圖解：一本看懂全球永續經濟關鍵

作者	bound	
監修	夫馬賢治	
譯者	許郁文	
責任編輯	陳姿穎	
版面編排	江麗姿	
封面設計	任宥騰	
資深行銷	楊惠潔	
行銷主任	辛政遠	
通路經理	吳文龍	
總編輯	姚蜀芸	
副社長	黃錫鉉	
總經理	吳濱伶	
發行人	何飛鵬	

出版　　創意市集 Inno-Fair
　　　　城邦文化事業股份有限公司

發行　　英屬蓋曼群島商家庭傳媒股份有限公司
　　　　城邦分公司
　　　　115台北市南港區昆陽街16號8樓

城邦讀書花園　http://www.cite.com.tw
客戶服務信箱　service@readingclub.com.tw
客戶服務專線　02-25007718、02-25007719
24小時傳真　02-25001990、02-25001991
服務時間　　週一至週五 9:30-12:00，13:30-17:00
　　　　　　劃撥帳號　19863813　　戶名：書虫股份有限公司
　　　　　　實體展售書店　115台北市南港區昆陽街16號5樓
　　　　　　※如有缺頁、破損，或需大量購書，都請與客服聯繫

香港發行所　城邦（香港）出版集團有限公司
　　　　　　香港九龍土瓜灣土瓜灣道86號
　　　　　　順聯工業大廈6樓A室
　　　　　　電話：(852) 25086231
　　　　　　傳真：(852) 25789337
　　　　　　E-mail：hkcite@biznetvigator.com

馬新發行所　城邦（馬新）出版集團Cite (M) Sdn Bhd
　　　　　　41, Jalan Radin Anum, Bandar Baru Sri Petaling,
　　　　　　57000 Kuala Lumpur, Malaysia.
　　　　　　電話：(603)90563833
　　　　　　傳真：(603)90576622
　　　　　　Email：services@cite.my

製版印刷　凱林彩印股份有限公司
初版 1 刷　2024年12月

ISBN　　978-626-7488-55-3／定價　新臺幣420元
EISBN　　978-626-7488-51-5／電子書定價　新臺幣294元

※廠商合作、作者投稿、讀者意見回饋，請至：
創意市集粉專　https://www.facebook.com/innofair
創意市集信箱　ifbook@hmg.com.tw

60PUN DE WAKARU! ESG CHONYUMON written by bound,
supervised by Kenji Fuma
Copyright © 2021 bound, Kenji Fuma
All rights reserved.
Original Japanese edition published by Gijutsu-Hyoron Co., Ltd.,
Tokyo
This Complex Chinese edition published by arrangement with
Gijutsu-Hyoron Co., Ltd., Tokyo
in care of Tuttle-Mori Agency, Inc., Tokyo, through LEE's Literary
Agency, Taipei.

國家圖書館出版品預行編目資料

ESG 60分鐘超圖解：一本看懂全球永續經濟關鍵/夫
馬賢治兼修; 許郁文譯. -- 初版. -- 臺北市：創意市集,
城邦文化事業股份有限公司出版：英屬蓋曼群島商家
庭傳媒股份有限公司城邦分公司發行, 2024.12
　　面；　公分
ISBN 978-626-7488-55-3(平裝)
1.CST: 企業社會學 2.CST: 企業經營 3.CST: 永續發展

490.15　　　　　　　　　　　　　　113016147